21世纪全国高等院校艺术设计系列实用规划教材

餐饮空间设计

李振煜　赵文瑾　编著

U0196778

北京大学出版社
PEKING UNIVERSITY PRESS

内 容 简 介

餐饮空间是室内设计不可分割的重要组成部分,本书主要介绍餐饮空间设计的基本理论和空间处理的基本要点。本书的目标是,通过对学生的课堂教授,培养学生对多功能的餐饮环境采用不同的设计方法,从而产生不同的艺术效果,使学生初步具有独立进行餐饮空间设计的基本能力;使学生通过对餐饮空间艺术设计的基本理论和知识的学习,能具备一定的餐饮空间的选择和规划设计能力,进而创造出更符合人的生理和心理需求、更优化的环境。通过对本书的学习,学生应掌握餐饮空间设计的特点及设计的技术基础与艺术基础,以及提高对餐饮空间的艺术欣赏和评价能力,并能独立地完成餐饮空间的艺术设计;同时了解创作中所运用的材质的性能、造价,以及装修过程中可能出现的问题。

本书可作为高等院校艺术设计、室内设计、装饰设计等专业的教材,也可作为设计爱好者、从业者的自学参考用书。

图书在版编目(CIP)数据

餐饮空间设计/李振煜,赵文瑾编著. —北京:北京大学出版社,2014.1
(21 世纪全国高等院校艺术设计系列实用规划教材)
ISBN 978-7-301-23381-8

Ⅰ. ①餐… Ⅱ. ①李… ②赵… Ⅲ. ①饮食业—服务建筑—室内装饰设计—高等学校—教材
Ⅳ. ①TU247.3

中国版本图书馆 CIP 数据核字(2013)第 254552 号

书　　　　名:**餐饮空间设计**
著作责任者:李振煜　赵文瑾　编著
策 划 编 辑:孙　明
责 任 编 辑:李瑞芳
标 准 书 号:ISBN 978-7-301-23381-8/J·0546
出 版 发 行:北京大学出版社
地　　　　址:北京市海淀区成府路 205 号 100871
网　　　　址:http://www.pup.cn　　　新浪官方微博:@北京大学出版社
电 子 信 箱:pup_6@163.com
电　　　　话:邮购部 62752015　发行部 62750672　编辑部 62750667　出版部 62754962
印　　　　刷　者:北京大学印刷厂
经 销 者:新华书店
　　　　　　　787mm×1092mm　　16 开本　　8.75 印张　　195 千字
　　　　　　　2014 年 1 月第 1 版　　2018 年 7 月第 5 次印刷
定　　　　价:40.00 元

前　言

　　"餐饮空间设计"课程如何顺应社会发展，如何确立完善的教学体系，如何提高教学质量，这一直是作为教师面对的课题和思考的问题。本教程通过对现在社会经济发展和文化发展的概括和比较，提出餐饮空间设计的基本概念、设计的思路、设计形式的表达和设计的鉴赏，并对餐饮空间的各种形式做了重要的阐述，对基本特点、风格形式、设计形式的基本符号语言、空间形式做了重要提示。本教程的课程内容安排布局，侧重于在各个章节中运用"目标责任管理"模式，进行具体类型和内容的定位和追踪，使教程的教学效率更高，效果更加完美。每个章节篇首用"课前训练"、"训练要求和目标"、"本章重点"、"本章引言"等作为阅读的基本线索，既提出了重点和要求、训练的内容和注意事项，同时，也承上启下引领主题；在各章结尾处，用"作业欣赏"、"课题内容"、"其他作业"、"本章思考题"、"相关知识链接"等作为一个章节的作业、入门方法和形式的指导。在本教程各章节之间，为了系统地、有秩序地进行讲解，做了恰当的首尾衔接与呼应，使前后章节融会贯通。

　　本教程课时安排为64学时，每一个章节都有基本的时间要求和内容要求，由于各上课教学班级的需求不同，教师可以灵活安排。本书主要供大学本科室内设计或环境艺术设计专业学习餐饮空间设计课程设计时作为教材，也可供其他艺术设计或建筑类本科专业选修餐饮空间设计或者从事设计的工作人员作为参考书籍。

　　本教程共分为4章，整个教程的编写内容为：第1章，餐饮空间设计概述，主要从社会发展过程，从经济、文化等不同领域反映出餐饮空间设计的总体特点和基本变化类别，餐饮空间的发展趋势、设计特点、设计结构和设计的步骤和方法，以及餐饮空间的色彩、照明和陈设等；第2章，各类餐饮空间设计，通过对各类餐饮空间设计的原则和特点的介绍，分别阐述了各类餐饮空间的基本的特点和风格；第3章，主题性餐饮空间设计，社会人群由于就餐形式表现为理性、情感性和多样性等特点，集中浓缩为文化主题的追求和表现，因此本章对主题性餐饮空间设计的市场化需求、主题性餐饮空间思路如何确立、主题性餐饮空间表现的具体形式和符号语言进行介绍和阐述；第4章，餐饮建筑室内设计鉴赏，无论是多样性还是传统性，抑或是现代的设计形式等，在篇幅的最后，专门提供了来自于比较前卫的餐饮空间的鉴赏，鉴赏的重点在于自我鉴赏和感悟，为避免牵引读者思路，故书中不作旁白和注解，便于读者自己进行全面的、整体的和多义的理解、交流和联想。

　　编者能力有限，幸得益于诸多学者的思想与理论，以及许多优秀设计师的经典作品，在此一一表示感谢。由于时间仓促，水平有限，书中难免存在疏漏或不妥之处，欢迎读者批评指正。

编　者

2013年10月

目 录

CONTENTS

目 录

CONTENTS

第 | 章　餐饮空间设计概述

课前训练

训练内容：通过学习餐饮空间的空间特色、空间设计方法、运用草图（如手绘制图、透视空间草图），表现餐饮空间的一些具体的特点和整体风貌。通过实地考察的形式，如到肯德基、麦当劳、大娘饺子等快餐店体验餐饮空间三维体量感觉，以及装饰的特色。

训练注意事项：建议每位同学能够拓展想象，注意实地考察的体验形式，用目测、用照相等方式进行现场记录，用手绘记录和表达空间的尺度、家具设施、构图格局以及装饰特点。

训练要求和目标

要求：学生需要掌握餐饮空间的多元化发展的趋势，现阶段餐饮空间呈现出来的几大特点；要求学生掌握餐饮空间的市场特点和动向要求；掌握餐饮空间的空间类型；掌握餐饮空间的设计程序和方法；餐饮空间色彩的心理特点和作用；餐饮空间中照明，陈设的作用。

目标：根据设计的需求，运用餐饮空间发展的理论，熟悉和运用餐饮空间设计的方法，恰当的表达具体餐饮空间的空间特征，表达出设计的概念。

本章要点

◆ 餐饮空间设计的发展总论

◆ 餐饮空间的设计特点

◆ 餐饮空间的设计程序与方法

◆ 餐饮空间的色彩特点

◆ 餐饮空间的照明设计

◆ 餐饮空间的绿化与陈设

本章引言

在现实生活中，当人们走进的餐饮空间，必然是具体的餐饮空间，必然是诸如中式餐厅或日式餐厅，或者是麦当劳、肯德基、简朴寨，或者是九龙大酒店、皇冠蛋糕店、大娘饺子店等等，它们的空间布局有什么样的规律？各自有什么风格特点？设计的过程需要注意或者遵循的规律？各自又恰恰给人一种新意和吸引，这都需要研究和学习。

1.1　餐饮空间发展总论

本节引言：

餐饮空间发展的总体特点，包括多元化设计、绿化餐饮、特色餐饮和数字化设计的几大变化。掌握餐饮空间的这些总体特点，是餐饮空间设计与时俱进的表现，是充分把握时代人群心理、需求的重要体现，因此餐饮空间的总体特点的学习和掌握，有利于在设计中把握餐饮空间的发展和总体。

纵观餐饮业发展的特色，餐饮业发展呈现为新的趋势，既表现在经营管理上的新变化，又表现在设计上的新变化。

1.1.1　多元化设计

近几年来，经济发展迅猛，极大地推动了餐饮业的发展。2010年之后，我国已经成为全球最大的旅游接待国。餐饮企业蓬勃发展，行业规模持续扩大，产权形式多元化。餐饮业在国民经济中保持着领先的地位，餐饮细分不断深化，中餐、西餐、中西合璧、正餐、快餐、火锅、休闲餐饮、商务餐饮、主题餐饮等业态快速发展，产权形式呈现多元化格局。与此同时，设计形式也表现为多元化的趋势，中式、西式以及中西合璧的风格等不断涌现，体现了设计的多元化。

从经济上讲，我国餐饮空间已经初步形成了投资主体多元化、经营业态多样化、经营方式连锁化、品牌建设特色化、市场需求大众化、从传统产业向现代产业转型的新的格局。图1-1-1为百强餐饮企业市场占有率。

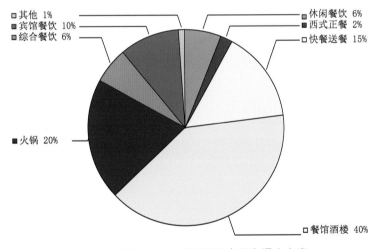

图1-1-1　百强餐饮企业市场占有率

1.1.2　绿色餐饮

随着消费者经济收入的提高，对健康的要求也相应提高，更多消费者正视"健康"一词。在消费中寻求"原始"的乐趣，寻找大自然的感觉，寻找的是一种"专属"空间，寻找的是健康和自然。"素食"一词起源于20世纪60年代，在国内已经成为一种新的饮食潮流。因此农家乐、私房菜、素食特色的餐饮空间设计，运用地域性的风俗家具和民俗装饰风格等进行装饰，利用地域性的灶具、餐具、厨具等作陈设，利用地域性的农村蔬菜、出产作为餐饮的资源。

1.1.3 特色餐饮

特色餐饮通过3种形式进行设计：运用各种风格和流派进行的设计；运用"主题性"餐厅进行的设计；运用高科技手段进行的设计。

利用各种风格和流派进行的设计，如用中国传统建筑室内设计风格，雕梁画栋、小桥流水，室外大红灯笼高高挂，门前摆放石狮子，室内墙上悬挂中国画，镶嵌龙凤图样，供奉关公、财神爷，餐饮、餐桌、餐椅等传统家具古色古香。图1-1-2和图1-1-3为巴渝风情老院老店主题餐厅。

图1-1-2 巴渝风情老院老店主题餐厅　　　　图1-1-3 巴渝风情老院老店主题餐厅

运用"主题性"餐厅设计，如清式餐厅，青花陶瓷贴面、青花瓷陈设、国画、清式家具以及穿戴清式服饰，就连灯具都是古色古香的传统样式，以一种仿佛时光倒流到了清朝的感觉。

运用高科技手段，利用声光电、电脑信息技术等，通过屏幕等显现场景的真实，利用声音形成一个貌似真实的空间，可以模仿恐龙时代、恐怖景象、野战场景或者某种人群场景等，形成一种城市中没有的虚幻三维场景。

1.1.4 数字化发展

借助于机械、建筑、光、声、电、计算机、数字化等多种高科技手法，主题餐厅将会更具有科技感和现代感，或再现真实的主题环境。图1-1-4为伦敦Inamo餐厅，使用互动的点触服务系统，将餐桌变成一个触摸菜单。顾客可直接点菜、玩游戏，并可根据喜好调整风格。

图1-1-4　伦敦Inamo餐厅

1.2　餐饮空间设计特点

本节引言：

　　餐饮空间设计之前，需要了解餐饮空间设计的特点，这些特点包括了设计之前的市场定位、餐饮空间的功能特点、餐饮空间的陈设特点以及餐饮空间设计的特点。这些特点的了解是具体的、实际的，设计的过程是一个整合的过程、具体需求的过程。

1.2.1　餐饮空间设计的市场定位

　　不同的投资方所经营的宾馆、酒店等餐饮空间的定位各有不同，根据客源市场的不同、功能性要求的不同，设计上表现为不同的特点。商务型酒店接待的是商务旅行的客人，突出的是办公、会议、商务宴请等功能；旅游、度假型酒店突出的是度假和休闲功能，以住宿、餐饮为主，其他为辅。而餐饮空间中的中餐厅、西餐厅、自助餐厅、风味餐厅、宴会餐厅、咖啡厅、酒吧、茶馆、冷饮店等提供用餐、饮料等服务的餐饮场所，这种空间不仅提供了享用美味佳肴的场所，还具有人际交往和商贸洽谈的功用。

1.2.2　餐饮空间的功能特点

　　餐饮空间，由于各种类型餐饮空间的不同，功能上有些变化和差异，但总体而言需要有提供酒水和财务结账的服务前台、等候区、雅座区、散席区、包房区、厨房区域、行政后勤区、卫生间等。总布局时，把入口：前台作为第一空间序列，把大厅、包房、雅座作为第二空间序列，把卫生间、厨房及库房作为最后的序列，功能上划分明确，减少相互之间的干扰。图1-2-1所示为北京丽港餐厅平面功能分析图。

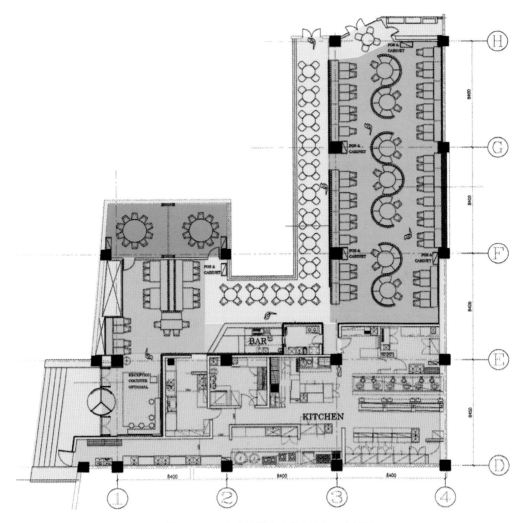

图1-2-1　北京丽港餐厅平面功能分析图

　　餐饮空间设计目的在于创造一个合理、舒适、优美的餐饮环境，以满足人们的物质和精神需求。动态设计是餐饮空间的设计重点之一。设计时应综合考虑，合理的规划才能使效率达到最大，它不仅牵涉整个餐饮作业的流程，和不同技能区域间的联系，而且，也关系着各项工作的流畅与否，也影响顾客对于服务品质的感受。

1.2.3 餐饮空间的陈设及设计特点

类型、投资经费、地域和消费群体等不同成为制约餐饮空间设计和陈设布置的因素。

装饰陈设与装饰的风格有关，但陈设的物品主要包括：花卉、树木、器物、酒具、绘画作品、各种装饰的贴面、各种柱子柱式、灯具以及其他当地地域性的动植物或生活生产器具，也包括家具本身。一种是物质性或者说是功能性产生出来的陈设或装饰，如家具；另一种是为了精神或装饰美化，如绘画作品，当然两者也很难绝对分开，或者两者皆有。

餐饮空间的设计，表现为以下的特点。

(1) 餐饮空间设计的面积要满足使用功能的需要，一般按照$1.0\sim1.5m^2$/座来计算，也有按照$1.85m^2$/座来计算的。计算每座的使用空间，如果过大，则浪费劳力，影响效率；如果过小，则产生拥挤之感。

(2) 装修的风格与家具、陈设等要协调，要反映地方特色。如果是中式餐厅，必然是中式的明清家具、罩、门洞、天花藻井、屋檐雀替旋子彩画、屏风、博古架、传统的四角灯笼、青花瓷器或古典式样的中国画味的瓷器、彩陶文化陶瓷、商周式青铜器、中国画、中国式的建筑式样、青砖清水墙等，要根据中式风格和地域性文化和特点来塑造。如果是西式餐厅，必然体现出欧洲古典传统的文化符号语言特点，表现为古希腊、古罗马、巴洛克、洛可可或现代主义初期或者后现代的装饰特点，具体通过家具、柱式、吊顶、欧式裸体圆雕、壁龛、烟囱古典油画、石膏线脚、大理石铺装、壁画、色彩绚丽华贵来折射等，体现了一种时代特点或风格协调一致的装修与陈设，如图1-2-2所示。与此同时，菜肴、菜单、餐具、桌布、窗帘要与对应的风格协调与统一。

图1-2-2　马来西亚槟城 Macalister Mansion(一)

图1-2-2 马来西亚槟城 Macalister Mansion(二)

(3) 餐饮空间的交通流线要科学，顾客和餐饮运输线路要错开，不能重叠，避免产生不安全事故，如热汤烫伤儿童、酒菜弄脏宾客衣物等，造成工作与就餐过程中在心理上的不悦。服务路线设计成专用通道，力求最短，一般不超过40m，大型或多功能厅多设置备餐廊。洁污分流，供应菜肴的路线和回收待洗餐具的入口要分开。

(4) 餐饮空间的色彩。不同餐饮类型对餐饮空色彩要求不同，总体来说应该是明亮、干净、典雅，令人就餐从容不迫、舒适宁静、欢快愉悦，增进饮食，并具有良好就餐环境的。麦当劳、肯德基等快餐店就具备这样的特点，如图1-2-3所示。

图1-2-3 Mcdonald麦当劳(一)

图1-2-3　Mcdonald麦当劳(二)

（5）餐饮空间中的座椅大小和式样要灵活变化，大、中、小相结合，大中型座椅占餐座数的70%~80%，小餐厅占餐座数的20%~30%。

（6）餐饮空间地面，选择耐磨、防滑和易于清洁的材料，一般选择地砖或者大理石，更好的是花岗岩，档次高的设置地毯。地坪高差不易过大，一般在300~450mm，过高需要护栏，避免造成人员的伤害。

（7）餐饮空间应有良好的通风、采光环境，并考虑吸声的要求。室内空间应该与要塑造的环境效果一致。

（8）将生态化、绿化的观念贯彻于设计始终。尽可能利用绿化分隔空间，空间的大小应多样化；尽量利用自然缩微景观、自然景观、水景等来增强餐饮空间的自然性和情趣化；减少相互干扰，增强私密性，如图1-2-4所示。

（9）餐饮空间做到设计上的安全性。选择不易燃的建材、餐桌间隔合理且符合人机工程学的要求、消防设施齐全、有逃生的安全通道和安全标识。

图1-2-4　苏州吴越都城园林式生态大酒店(一)

图1-2-4　苏州吴越都城园林式生态大酒店(二)

1.3　餐饮空间发展趋势

本节引言：

餐饮空间的发展趋势，既表现在经营管理上，也表现在空间设计上的文化性的方面。了解餐饮空间的经营管理现代市场上的存在和设计上的需求，明确现代餐饮空间设计上的具体的形式和特点，在现代餐饮空间设计上寻求各自的特点和吸引力。餐饮空间的品牌、低碳环保绿化、经济上的连锁和细分、设计上的地域性、农家乐、主题性、文化性和大众性等最终表现为设计形式的多元化特点。

纵观餐饮业发展的特色，餐饮业发展呈现的新趋势，表现在经营管理上的新理念，和设计上的新变化。

1.3.1　餐饮空间的经营管理

1) 品牌与竞争

餐饮业近来发展的趋势表现为：由价格的竞争、产品质量的竞争，发展到产品与企业品牌的竞争、文化品位的竞争。消费者用餐既要满足物质上的需求，又要满足精神上的需求。因此，越来越多的经营者把注意力转向打造自己的品牌，提高企业的文化品位。

从中国大陆地域范围来看，餐饮企业由本地发展到外地发展，由小城市到大城市，由东部向中西部地区发展；从大城市到小城市延伸，由东部发达城市到西部贫瘠城市延伸。餐饮企业发展迅猛，都有一个共同的愿望，即寻求向外地扩张，扩大市场份额，延伸到中心城市和国际大都市。

2) 低碳环保

国家政策提倡低碳环保，餐饮企业面临低碳环保的全新改革。低碳环保不仅能节省大量的资源和能源，同时更安全，可以让消费者吃得更加放心，低碳环保必将带来餐饮企业的新的革命。如燃气、燃油将被更加清洁的能源所取代，对于消费者而言将更加低碳、环保和安全。

3) 定位精细化

对于传统餐饮企业来说，富有特色的饮食口味是企业的立身之本，因此出现招牌菜、特色菜，表明餐饮定位渐趋精细化。我国的八大菜系，鲁、川、苏、粤、浙、闽、湘、徽等地方名菜就因此而知名。强调口味的做法，强调地方的特色菜，成为吸引顾客的资本。数十年以来，这种做法在餐饮行业屡见不鲜。在信息化普及和社会文化交流频繁的今天，很难说某种口味特色不会在其他的餐饮空间出现，因为它们太容易被复制了，因此口味特色等已不再是独领风骚。如湘菜馆、粤菜馆、川菜馆等，遍地流行。

4) 连锁经营

连锁经营不仅提高了企业效率、降低成本，更重要的是能够帮助企业突破发展中的管理瓶颈。连锁店经营具有成本优势、价格优势、服务优势、品牌优势，因而具有极强的竞争力，成为我国餐饮发展的主要方向。近年来，真功夫、绿茵阁、秀玉等已经成为一批成长起来的连锁企业，如图1-3-1所示。

图1-3-1　真功夫、绿茵阁是国内新成长起来的连锁企业

5) 微利时代，信息成为突围

由于广大餐饮企业利用信息技术对餐饮进行管理，提高了网上订单、电子菜单、电子点菜、数据统计、网上营销等电子商务如今也成为大中小餐饮企业的流行趋势。科技有效地解决了成本问题，大大地提高了传统菜品的出品速度。信息化的介入，既节省了人力成本，也提高了效率，也使利润得以提高。

6) 中外餐饮企业竞争加剧

中餐饮是改革开放较早的一个行业，尤其是当外资餐饮企业大量涌入中国的餐饮市场的时候，中餐饮企业一直面临着外餐饮品牌的巨大的竞争与挑战。中式餐饮与外资餐饮品牌相比，国内企业的软硬件比较差，特别是管理、服务上面还有一段距离。中国加入WTO之后，更多外资企业进入中国市场，对中国餐饮企业在管理、服务、经营理念、饮食结构、从业人员的素质等方面产生深刻的影响。但中国品牌餐饮企业走出去的步伐较慢，竞争力不强。

中餐具有色、香、味、形俱全的特色魅力，有着根深蒂固的文化背景。中式餐饮的高度手工艺化的工作，需要在科学分析的前提下，形成高度流水线式的中餐标准化、流水作业，成为餐饮企业核心的竞争力和发展的基础组成部分。操作规范需要推广和实行，许多中小餐饮企业难以承受，成为革新突破的瓶颈。

国外餐饮品牌格局已经完成，国外快餐品牌引领中国餐饮竞争格局。中国餐饮企业需要借鉴国外餐饮品牌成功运用的案例，学习外资企业在商圈选址策略、物流管理水平、单店运作、品牌扩张、信息化管理等方面的能力。

中国餐饮企业优秀企业，已经开始提炼经营技术、申报餐饮专利、积淀品牌价值、整合上下游资源，融资扩张等方面成为了国内餐饮业的加速发展新模式。湖锦酒楼、太子酒轩、九龙酒店、国医馆等在内地餐饮市场发展迅速。

1.3.2　餐饮空间设计趋势

1) 农家乐、私房菜、素食

农家乐、私房菜、素食特色的餐饮空间设计，运用地域性的风俗家具和民俗装饰风格等进行装饰，利用地域性的灶具、餐具、厨具等作陈设，利用地域性的农村蔬菜、出产作为餐饮的资源，如图1-3-2所示。

图1-3-2　四川菜大平伙，香港中环私房菜馆

2) 大众快餐

国外的快餐厅在我国有良好的发展，但中国人长期以来的生活习惯和不可抗拒的中餐美味，让中式快餐食品仍然处于主导地位。资料表明，中式快餐市场，78.9%为中式

快餐店，21.1%为洋快餐店。中式快餐的大娘水饺专注于"水饺"，马兰拉面专注于"拉面"，真功夫快餐店专注于"营养米饭快餐"，其中包含着各自的经营核心，体现着中国人的生活传统。

3) 主题餐厅

消费者可以在主题餐厅中进入期待中的主题情境，或重温某段历史，或经历某个场景，了解某种陌生的文化或异国的情调。

主题餐厅的形式表现为以历史文化为主题、地域民风民俗为主题、以田园农舍为主题、以寻求怀旧为主题和以保健元素为主题的几种形式的主题餐饮空间形式。

主题餐厅针对的是特定的消费群，不仅提供饮食，还提供某种特别文化为主题的服务。餐厅在环境设计上围绕这个主题进行装饰设计，食品等也与之相匹配，营造出一种历史的文化的特殊氛围，让顾客在进餐过程中找到全新的感觉，如图1-3-3所示。

图1-3-3 The Red Sea Star Underwater Restaurant

4) 环境人文化

传统的餐厅，在装饰设计上注重室内的豪华和卫生。随着生活的进步，文化已经逐渐成为装饰设计中重要的元素。餐厅的品位和档次，不仅体现在菜式、价位，也体现在环境上。假如在风味、服务相当的情况下，"吃环境"将是餐饮业未来发展的趋势之一。由于各种餐饮空间设计定位的不同，餐饮空间室内装饰设计呈现出不同的文化氛围和特点，成为表现餐饮空间各种特点的手段。湘菜馆内悬挂毛主席像、毛泽东诗词《沁园春》书法、湖南山水卷轴画、红艳艳的干辣椒串、竹椅等；泰式菜馆陈设金色佛像、大象饰品、木雕、热带水果；日式料理等悬挂色彩丰富的日本壁画、设置木质推拉门、别致的榻榻米包间等，这些都很好地结合了相关文化和地域的装饰特色，诠释了文化的重要作用，如图1-3-4所示。

图1-3-4 宝华海景大酒店泰式餐厅

5) 设计形式多元化

时代不断地在发展，任何单一形式的表达方式都不足打动所有人的心弦，所以对于餐厅室内设计来说，也要在发展过程中不断地寻求变化。随着科技发展得越来越快，越来越多新的技术、新的材料运用到餐厅设计中，使餐厅功能更加完善的同时，形式更加多样化。

餐厅的软装饰也会越来越考究，灯光设计细致入微，格局也突破传统，室内材料的选择更加人性化和环保。未来餐厅客人能够随时方便地操作各种设施，如灯光控制和音响等，使餐厅更加人性化，呈现多元化的发展趋势。

1.4　餐饮空间类型与设计

本节引言：

　　餐饮空间的类型，是从另一种角度来分析空间的类型，从地域性、地理性、国家、民族和烹调供应方式等进行分类；不同空间类型具有各自的设计特点和决定性，对于各自餐饮空间的装饰、陈设和家具等有决定性的影响，因此需要重点地了解和把握。

1.4.1　餐饮空间类型

　　针对营业性的空间，按其经营内容，将餐饮空间分为餐馆、饮食店。

　　餐馆是接待就餐者零散用餐或宴请宾客的营业性中西餐馆，包括饭庄、饭店、酒家、酒楼、风味餐厅和快餐厅等，以经营正餐为主。

　　饮食店是设有客座的营业性冷、热饮食店，包括咖啡厅、茶艺馆、酒吧等，它不经营正餐，多附有点心、小吃和饮料等营业内容。

　　按照国家和地区，把餐厅分为中餐厅、西餐厅、日本餐厅、韩国餐厅及泰国餐厅等。

　　按照地域性的分类的餐厅，多指同一个国家内的不同民族或者地域差异的不同餐厅，如我国的东北餐厅、四川餐厅、江浙风味餐厅、湖南餐厅、广东餐厅和青海餐厅等。

　　地域性餐厅有时可能与按照菜系来划分餐厅重叠，如我国有京、粤、川、湘、淮、扬等菜系。这种菜系可能直接被纳入不同的餐厅的名称中，如粤菜馆、川菜馆、湘菜馆等。

　　按照不同主题划分的餐饮建筑的类型，可以是文学类、历史类、名人类、自然风光类、重大事件或者保健类等。

　　按照烹调方式或供应方式，餐厅可以划分为正餐厅、快餐厅、自助餐厅、火锅餐厅以及烧烤厅等。

　　所有的餐饮空间需要结合市场的需求，消费者的层次、文化、社会心理的需求来进行设计，形成餐饮空间的不同风格和文化特点，表现为餐饮空间的主题性、民族性和地域性。如图1-4-1所示。

图1-4-1　不同类型餐饮空间(一)

图1-4-1　不同类型餐饮空间(二)

1.4.2　不同类型空间功能所决定的设计

按照消费人群需求的数量多少和消费者不同特点看，旅店有宴会厅、中(西) 餐厅、雅座包厢。餐厅的服务内容，除正餐外，增设早晚茶、小吃、自助餐或套餐等项目。某些宾馆内还设有钢琴、小型乐队、歌舞表演台，以供宾客用餐时欣赏。宴会厅与一般餐厅不同，常常用来举办婚礼、团拜会、会议宴席等，表现为主次、对称规整的格局，有时增设一个表演的舞台或主席台供举办仪式用，流通空间常常有一个主要的、专门的通道，装饰比较华美，提供交往、宴席和逗留的空间。

宴会厅由于用于节庆盛典、婚丧、会议等活动，因此除了考虑仪式需要的空间，还要考虑仪式或者会议之后餐饮空间隔断的需要，所以宴会厅的空间通常是一个开敞的大空间，通过各种隔断的安排和分隔，座椅等的摆放和布置，形成大间或小间，如分别形成宴会厅、冷餐厅、会议厅、T-show表演厅、商品展览厅、音乐会、舞会等空间，如图1-4-2所示。

此种类型的餐饮空间，需要自助服务台，集中布置盘碟等餐具，按照先取冷饮的陈列台、再取热食的浅锅和油煎盘的秩序来陈列和展示。自助餐饮空间，普通的冷饮、沙拉、三明治、糕饼、水果等在主餐厅空间中有单独的、足够的区间，煮食之类的有另外的空间，避免进餐高峰顾客各取所需所带来的拥挤。自助餐厅的工作流程，需要考虑餐饮的储存、储藏、配制和烹制的顺序和流程，如图1-4-3所示。

图1-4-2　新锦江晶采轩宴会厅　　　　　图1-4-3　银鲨海鲜自助餐厅

　　火锅餐厅，由于其独特的风味已经风靡全国，常用液化气、固体燃料等做燃料，并设置和处理好气罐、排气等功能。空间设计上，可以设计成为雅座、包房、散席等形式，还可通过其他民间、地域性等特色来体现其独特的艺术氛围，如图1-4-4所示。

图1-4-4　鲍鱼火锅店

　　作为饭店或宾馆的餐饮空间，都供应酒水、咖啡等饮料，为旅客提供宜人的休息、消遣、交谈场所，酒吧常常单独设置在餐厅、休息厅里，规模较大的酒吧则设有舞池、乐团等设施。

　　在酒店或宾馆里，风味餐厅是根据餐饮空间规模大小来决定安排的，不同的类型对应着不同的功能区域，如日式餐厅，则对应分布着和室、榻榻米、日式的食品和家具；

增加了烧烤台、烫菜台之类的功能分区。与此同时，从建筑特色、建筑文化来考虑餐饮空间建筑形式和室内装饰风格，并从菜肴特色上与日式风味合拍，令顾客感受到风味的文化和精神所在。

中餐厅，是以品尝中国菜品，领略中华文化为目的的餐饮空间。中式餐厅，在室内设计中通常运用中式的建筑、家具、陈设等来进行布置。从店面的中式建筑式样，到室内的家具、陈设、景观等无处不在，运用符号语言，如藻井吊顶、宫灯灯具、斗拱建筑、中式的水墙、照壁、自然式庭院、中国画和书法、挂饰等中国传统文化式样。家具表现为方形或圆形的形状，可提供8、10、12、16人一起用餐，如图1-4-5所示。

图1-4-5　新中式餐厅

西餐厅，沿用欧洲的风格装饰为特色。由于西方餐饮习惯的影响，欧式西餐讲究分餐制或一定的私密性，常常是供坐两人的、四人的或长条型的多人桌。室内空间很多地方借用或者沿用欧洲古典建筑风格的语言符号表现，形式鲜明有特色，如古希腊、古罗马柱式、砖拱、铸花铁艺，甚至还沿用古典教堂建筑的符号形式。陈设的是圆雕，天花板常常有壁画，墙上陈列油画；家具通常是夸张的巴洛克、洛可可或者帝政式的沙发、茶几等；借鉴的过程中结合现代的灯光设计，建筑构成形式，形成古朴的韵律。当然还有反映殖民时代的壁炉、烟囱、壁画、雕塑等风格的形式。现代的更多的是反映几何平面化、高技派、波普艺术风格或者后现代等，呈现出一种多元化的室内陈设形式和文化思潮。西餐厅更多的是表现异域风情，结合更多的是近现代的装饰艺术风格与流派的风格特点并灵活运用，如图1-4-6所示。

图1-4-6　欧洲古典主义风格西餐厅

　　不同的餐饮空间类型，对应的空间类型的文化、地域、风俗、传统和文脉、进餐方式等的不同。功能原因可以影响餐饮空间的格局布置，风格等不同影响室内空间的装饰，文化的多样性也影响餐饮空间的形式多样的设计。总之，餐饮空间的类型决定餐饮空间的设计。

1.5　餐饮空间设计知识结构

本节引言：

　　对于餐饮空间设计的知识与结构，这里重点了解空间的类型；空间的形成与获得；餐饮空间形象形成和室内三大界面的塑造；餐饮空间的组织和安排。初步掌握餐饮空间设计具体的工程性问题和空间组织的整体安排，对人产生心理影响的空间因素，对于餐饮空间设计具有重要的基础性的帮助和了解。

1.5.1　空间的类型

　　餐饮空间的类型可以从各使用性质、界面形态、空间的确定性、空间的心理感受这4个方面进行分类。

　　1) 空间使用性质上的分类

　　空间有共享空间与私密空间两种。"共享空间"是由美国著名建筑师约翰·波特曼根据人们交往的心理需求提出的空间理论，表现为外中有内，内中有外，大中有小，小中有大，常常成为餐饮空间的交通枢纽。私密空间，表现为身处其中的任何人，都不会被外界观察到或者注意到。如餐饮空间的包房、娱乐空间中的KTV包房，如图1-5-1、图1-5-2所示。

图1-5-1 Phantom L'Opéra Restaurant中厅-共享空间　　图1-5-2 老院老店主题餐厅包房-私密空间

2）空间界面上的分类

空间从界面上分为封闭空间与开敞空间。在视觉、听觉上封闭性与隔离性很强的空间，称为封闭空间。封闭性的空间，界面多为实体，开敞性的空间多为渗透性，便于交流，没有实体的墙，视界通透，这有利于空间的借景。

开敞空间，在餐饮空间中有两种，一种是内开敞空间，将室内的中庭等利用自然景观，树木、花卉、水景、石景等形成一种室外的开敞感；第二种是借景，就是通过视界的透明，可以直接观察和利用外界的景观，使得室内与室外融为一体。

3）空间的确定性分类

空间从确定性上可以划分为虚拟空间和虚幻空间。虚拟空间主要通过部分形体进行启示，依靠图形和色彩的联想来划分空间，可以借助家具、陈设、梁、立柱、隔断、绿化、水体、色彩以及不同的材质、界面的凹凸和地坪的高低起伏落差来形成虚拟空间。虚幻空间，是通过玻璃镜子镜像所形成的视觉空间。在餐饮空间中，可以通过墙面的镜子扩大空间感。

4）心理空间

心理空间可以分为动态空间和静态空间。动态空间表现为电动扶梯、喷泉、瀑布、变化的灯光等，能够在时间的空间中和空间轴线中起到"动态"的效果。动态空间还可以通过不同形体变化和色彩的多样性变化，利用视点的移动所产生的韵律和变化形成。
静态空间是与动态空间相对而言的，利用限定性的语言来展现，如采用垂直、水平式的
构图，不采用倾斜和流线型的动态空间语言，如图1-5-3所示。

图1-5-3 Phantom L'Opéra Restaurant

1.5.2 空间的形成与获得

1) 空间与心理

人是空间的主体，不同的空间环境会给人不同的视觉和心理感受。由于人是具有领域意识的，因此在餐饮空间中为了满足人的领域感而划分有雅座、散席、包房等，同时在布置家具陈设时须考虑分隔与遮掩，形成相应的领域空间。私密性，表现为餐饮空间中，顾客会先选择角落、尽端和柱子的位置，或者光线较暗、有一定遮蔽性的地方，避免被人一览无余，如被监视的状态。从众心理，表现为餐饮空间的交通流线、消防通道的合理设计和标志的有效引导。喜新厌旧心理，由于人们具有这样的心理特征，因此餐饮空间中，雅座、散席、包房在装修、家具、陈设等方面应不尽相同，寻求变化，表现在相同的空间也应采用局部的或一定的家具、装修的材料、图案花纹、造型和装饰风格上的变化，以迎合顾客的喜新厌旧心理。

2) 形态与艺术空间造型

空间的尺度和比例，首先要满足功能的尺度要求，满足人使用的尺度要求，其次是人的精神需求。空间的对比包括空间体量、形状、层高、开敞与封闭等方面的对比，除了功能原因之外，通过空间的高低、层次和变化，空间层次的丰富，避免空间过于平淡。空间的抬高或降低，通过局部空间的抬高或者降低，产生局部区域的空间感，如咖啡座的抬高，舞池用降低的方式处理，如图1-5-4所示。空间的引导与暗示，表现为利用或借用走廊、道路、红地毯引导宾客的交通去向；利用某种空间片段、通透隔断、曲线墙面等来引导交通，并令顾客产生期待之心；利用界面如红地毯、道路不同的材料铺设、天花板顶棚不一样的暗示或者利用界面的图案、色彩引导人们前行。利用灯光、材料的不同，引导或暗示区域空间的存在。空间的营造和产生，还可以通过玻璃、隔断的渗透来扩展空间，达到虚实相生，增加空间的层次感和在时间维度上的变化，如图1-5-5所示。

图1-5-4 Yakiniku Grill Restaurant

图1-5-5 Kitashinchi

3) 空间分隔形式和方法

绝对分隔，用砖、轻钢龙骨石膏板进行界面分明的分隔，令私密性、隔离性、声音、视线均不受干扰，产生一种绝对的分隔。局部分隔，指利用隔断，尤其是一种不到顶的隔断，造成人的视线不受阻隔或者声音没有封闭限定，可以是利用家具或部分陈设等来形成分隔空间。弹性分隔，利用的主要是陈设中的家具、陈设、绿化、垂悬的帷幔和珠帘等进行弹性分隔，可以灵活调整。虚拟分隔，利用吊顶造型、灯光照明、列柱、栏杆、水体绿化、地面高差等来形成人的心理上的空间变化，并保持空间的通透性和整体感。

1.5.3 餐饮空间的空间组织

从功能、使用者心理等角度来看，顾客有公共性、私密性和半私密性的餐饮空间的需求，雅座临窗靠边而设，散席处于中间，包房完全封闭，分别适合于不同的需要。这种氛围和功能的需求和营造，是通过餐饮空间室内中的建筑构件进行分隔形成的。

1) 建筑构配件分隔空间

列柱或柱廊，有支撑承重的作用，也有一定的象征或装饰作用。不同的列柱，因为材料和装饰纹样等不同表现为不同的观赏价值和艺术价值。矮墙一般高1m，是隔而不断的意思，即表明空间所属，又具有通透性。矮墙具有实的和通透的，材料可以是实在的砖、石、木，饰面是大理石、瓷砖等，材料也可以是植物、摆花或者花槽。栏杆因为材料是铁艺、木质或玻璃的，表现为不同的触感和视觉感受，如光滑、粗糙、粗犷、传统，如图1-5-6所示。隔扇，中国最早因为中间的形状形成圆形、八角形、花瓶形等，因此名称也与形状相关，如圆光罩、八方罩、花瓶罩等。传统的罩由于是由名贵木材制作，因此非常珍贵，如图1-5-7所示。罩，因为镂空雕饰成一定的植物、鸟兽纹样，通透感强，也具有较高的艺术价值，常常与中国画搭配，更具文化特色。屏风有独立的、折叠联立的和固定的，常常用中国山水、花鸟画的风格进行装饰，结合髹漆、螺钿、掐丝、镶嵌、雕花等传统工艺制作，艺术价值很高，成为视觉中心，并且可以用来遮蔽空间中的不雅部分。

图1-5-6 Chicos Restaurant木质矮墙隔断

图1-5-7 隔扇为中国传统建筑中的装饰构建之一

2) 装饰物分隔空间

餐饮空间中的装饰物,通常指帷幔和挂饰。帷幔质感有轻有重,纹理有细有粗,色彩有花有素,是餐饮空间中常用的分隔物。帷幔通过其材质、纹理、色彩和褶皱等来增加其装饰性。挂饰,因为水晶、塑料帘、竹帘等材质的晶莹、自然和质朴,透过光线的变化,带给环境更多的情趣和意境。

3) 陈设分隔空间

陈设包含的东西很多,陶瓷、花瓶、绘画、奖章、雕塑以及生活物品等都能够供人们欣赏。它们组合起来,结合植物、家具、灯具和其他建筑构件等,能够分隔与营造餐饮空间和氛围。

4) 自然景物分隔空间

自然景物中的山石、水体、植物等,它们能够在餐饮空间中分隔空间,不仅能够满足层次丰富的要求,还能生机盎然。

5) 地坪或天花板顶棚标高的改变分隔空间

在餐饮空间中,改变地坪的高差和天花板顶棚的高度变化,能够在人的心理中产生空间上的变化。如提高雅座、包厢区域的地坪高度,降低散席的高度,这种高差在300~450mm。高差过大,威胁人身安全,也影响服务的效率和质量。

1.5.4 餐饮空间形象塑造

1) 餐饮空间的形象视觉

餐饮空间的店面设计,是吸引顾客的广告。店面设计也应具有个性和新颖感,吸引人们进行商业活动。酒店或宾馆等餐饮空间的店面建筑形象要结合城市环境的整体、商业街区景观的全局出发,以此作为设计构思,充分考虑地区特色、历史文脉、商业文化等方面的要求。餐饮空间的店面建筑形象要反映行业的特点和经营特色。与此同时,餐饮空间的视觉形象还反映在餐饮空间的布局和色彩上,反映在餐饮空间的服务上,即企业形象系统表现为视觉形象(VI)、行为形象(BI)和经营理念(MI)3个方面,如图1-5-8所示。

图1-5-8 皇后码头,Mazzo Restaurant,Chef's Table店面形象设计

图1-5-8　皇后码头，Mazzo Restaurant，Chef's Table店面形象设计(续)

2) 餐饮空间的界面处理

餐饮空间有三大界面，包括顶棚、地板和墙面。它们不仅是环境的安全性、耐久性、经济性的体现，还是风格和艺术性的体现。从功能和使用上看，顶棚要防脱落；地面、墙面、柱面要耐水、耐碱；地面要耐磨、易清洁、易维修、易更换，而且装修中要符合消防防火的规范要求。在三大界面中，顶棚、墙面、柱面等暴露在视野之内，而柱面、墙面、壁柱、门、窗、窗帘等与人们的使用接触最多，从美学上看，它们的色彩、材料、造型不能影响到空间的大效果。顶棚、地面、墙面和柱面要形成一个整体的效果，不能各自为政，因此从色彩上，要保持一个基调，造型上围绕主题，发展延续，构图、形式和韵律、方圆与变化、色彩、风格与材料等在整体上要保持统一与协调，如图1-5-9所示。

图1-5-9　餐厅界面装修材料的品种、质地、色彩影响空间风格及就餐氛围

图1-5-9 餐厅界面装修材料的品种、质地、色彩影响空间风格及就餐氛围(续)

(1) 地面装修。餐饮空间地面多用石材、瓷砖,也可以用木材或地毯铺设。在体现装修的层次性和地面的差异性方面,也可使用鹅卵石、片石、瓷砖等铺设形成对比,表现功能分区,视觉上增强趣味性。地毯虽色彩丰富、华丽,但维护较难,常用于高级宾馆、宴会厅或档次较高的包房中。在餐饮空间中,由于桌椅所占空间较大,瓷砖、地毯一般为单色的,地花只使用在门厅或者过厅上,既具有礼仪上的欢庆,又具有视觉路线的导引作用。

(2) 墙面、柱体装修。墙面上的各种线脚、凹凸、柱式柱头、墙裙、拱券等通常是体现中西不同风格的重要的符号造型语言形式,如中式风格中,多使用中式的门窗、圆柱、隔扇、罩等营造氛围。另外,墙面和柱面侧重于简洁、整体以及使用材料和色彩的表现力,通常使用涂料、壁纸、瓷砖、石材、玻璃等进行饰面。打破简洁形成对比的手法,通常通过门、窗的造型以及门窗之间形式上的节奏感;柱子的排列形式,线脚、装饰条等形成装饰上的复杂性、节奏和韵律;同时利用陈设品如壁灯、挂画点缀;利用复杂的线条或其他来与简单的墙面形成对比,增加视觉和心理上的丰富层次性,如图1-5-10所示。第三种是利用地域性和自然性的材料,表面不粉饰,利用青(红)砖、瓦、块石、木、竹、卵石、藤等来装修墙面、柱面,这样不需抹面、不需勾缝,形成清水墙,表现为朴实、自然和亲切的意境。

图1-5-10 Graffiti Cafe

(3) 顶棚装修。顶棚最原始的是裸露梁架，如中国古代的传统建筑的木梁檩，其本身形成的结构和形式是功能性的，同时也是技术的表现，从材质上看是自然美。梁架结构由于是古代延续下来的，体现了传统文化的脉络。现在由于技术的发展，亦可将钢筋混凝土梁裸露，不加掩饰。其次是悬挂吊饰物，这是一种获得简单、轻盈和灵活的有效方法，功能上可以遮蔽各种管道、屋架，起装饰美化作用。加吊顶棚，完全遮蔽屋顶，形成完整统一的气氛，采用轻盈、防火性能好的石膏板、纤维板、夹板等作为基材，表面涂料、壁纸饰面，或搭配不锈钢、铝合金和玻璃等材料。吊顶要与灯具、风口、喷嘴、扬声器等相配合，形成良好的视觉效果。层次上可以逐级跌落，也可如井字格，亦可做到曲面或折面等形式。

1.6 餐饮空间设计程序和方法

本节引言：

　　餐饮空间设计，需要了解和掌握餐饮空间的设计程序；设计的方案和施工图；餐饮空间的设计方法；餐饮空间设计的过程和实施，是从对餐饮空间设计的策划开始的，经过方案的设计、施工设计阶段、设计的实施逐步达到设计的方案实现。餐饮空间的设计需要从总体上进行了解、把握和取舍来思考，最后实现餐饮设计。

1.6.1 餐饮空间的设计程序

1) 设计策划阶段

　　设计项目的现场分析报告，包括了场地与土建图纸的核对；对现场空间及与相邻商业空间的关系等要有明确的记录；对现有设备有一个清楚的了解；对建筑结构的分析；对周边环境朝向、采光、通风，有充分的认识和了解。比如快餐店的选址，周边的环境更加重要，相当大的人流量是关键。如在商业中心，商业扎堆的地方，吸引更多的人，人多的停留，就是商机存在的地方。如果是旅游的餐饮空间，玻璃窗户尽量的宽大，雅座面对的犹如"面朝大海，春暖花开"的地方一样，自然风景宜人就最好不过。

　　业主和市场的需求，业主经营的项目、经营理念、设计需求、职业及习惯等，作为餐饮空间设计的主要依据。餐饮空间设计表现为市场的需求，设计者也必须以市场为导向，对市场做深入的研究和分析，明确设计的主题、现在比较流行的装饰风格、材料等，调查同行业餐饮空间装修的情况，总之要了解市场的需求，见表1-1。

表1-1　细分市场的目标客户群

品牌消费程度　　　　品类消费程度	低	高
高	特殊客户群	核心客户群
低	游离客户群	潜在客户群

顾客消费层次的需求。如果餐饮空间针对的是一般的消费群体，室内装修应反映经营特色并且具有亲民的特点。如果针对高消费群体，装修可较为豪华。同时顾客的文化程度、情感需求、生活方式、地方的社会和情感心理等也是设计要考虑的因素。因此餐饮空间服务的消费群体的高、中、低的定位，决定了设计的选择。

咨询报告的收集和分析，收集包括公共设施资料的情况，消防系统是否完善，交通流线是否合理，照明系统是否规范，暖通系统是否系统，卫生设施是否到位，对这些情况充分掌握，才能将设计做得更安全、更完善、更合理。

2) 方案设计阶段

方案设计阶段是在设计策划基础之上运作的，将收集的资料进行整理，准确地设计定位，进行设计构思，从容地进入到设计阶段，再对设计方案进行比较归类。

首先要制定设计任务书，计划设计时间表，按照时间有序进行，才能顺利完成任务；其次，了解业主的项目计划任务非常重要，需要与业主交流、沟通、协调并达成目标共识，包括市场定位、经营定位、设计理念等，并以书面的合同文件形式加以确立。在以上过程中，重要的是要了解业主的资金投入情况，掌握了资金投入情况才能决定设计、预算和造价，预测设计所要达到的设计水平。万事俱备，还需要提供项目的系列的设计图纸，这些图纸包括了平面设计图、吊顶图和主要立面设计图，另外还需要提供功能的平面设计和铺装的平面设计，所有图纸必须是按照制图标准进行绘制，有比例和精确尺寸，有墙(基础)、窗、柱、家具等的尺寸和材料附加说明和工艺设计要求等，用以说明设计的意图。

为了更好地与业主交流，需要提供餐饮空间的设计说明，让业主更好地了解并达成设计的思想定位和协调统一意见，以文件的形式签订设计的下一步工作。

3) 施工图设计阶段

施工图设计阶段是一个方案深化计划的阶段。在方案设计基础上，需要将设计进行深化，它为设计施工提供了一个准确的依据，是将设计变成现实的重要一环。对室内空间设计进行深入细致的分析，以深化设计构思。餐饮空间设计方案包括确定初步设计方案和提供设计文件。而室内设计初步方案文件包括平面图、立面图、室内墙面展开图、顶棚平面图、建筑装饰的空间效果图以及建筑装饰的预算，如图1-6-1所示。

平面图的深化，这阶段是对平面的不同功能进行合理分区，对设计方案进行空间计划。这里包括空间的功能分区、人流线路的合理安排。公共空间、半隐蔽空间、私密性空间、内部人员使用空间(如员工通道、员工与宾客联系的通道等)、公共空间通道、主要通道方向、人流线路是否合理、次要通道空间宽度、主通道与次要通道的关系等，都要具体到图纸上。比如桌子安排的数量、板凳的数量等都需要具体到图纸上，这样反映了空间容纳人数的多少。平面图重点表现了空间的计划功能分区、人流线路的合理安排，以比例1:50、1:100、1:150、1:200等用平面图绘制表现。

餐饮空间立面图，实际上是餐饮空间室内的立面展开图，表达设计师的意图，常用比例为1:20、1:30、1:50、1:100等。顶棚平面图，是用来表现照明、暖通和消防系统等的详细设计图，比例通常与平面图的一致，采用1:50、1:100、1:150、1:200等来绘制。室内预想图，也就是空间效果图，它是直观表现设计意图的手段，包括手绘的和电脑软件绘制的。效果图一定是平面图、立面图、顶棚图综合反映的结果。

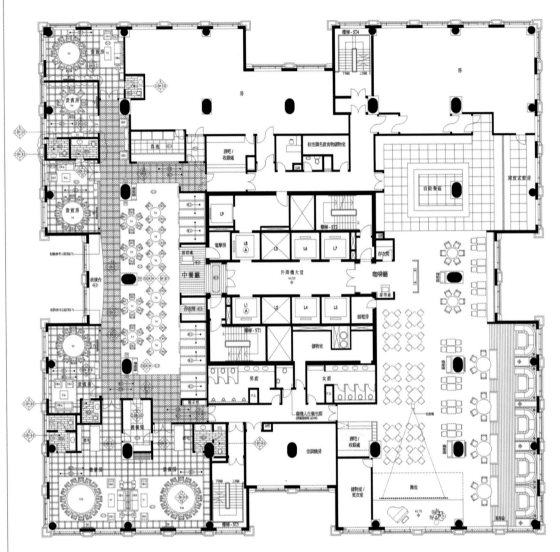

澳门某酒店中餐厅施工图节选-平面图

图1-6-1 澳门某酒店中餐厅施工图

　　初步设计方案经过审定后，就可以进行施工图设计了，也就是做局部的大样图设计，说明使用的材料、施工工艺和技术、功能特点等。施工图还包括了水、电、暖、消防等的设计，还需要确定相关专业的平面布局、标高、施工工艺做法、尺寸和要求，它们是施工图设计的依据。

　　方案确定阶段，通过了设计的策划、方案设计阶段、方案深化阶段、施工图的完成、设计人员设计意向交底等，经过审核、校对、审定、设计、制图等人员的签字，方案才算被确定，也说明业主已经认可方案的设计。

　　4) 设计实施阶段

　　经过设计方案的确定，设计人员需要经常性地走进工地现场，指导工人按照图纸进行施工，并对与现场出入比较大的设计进行修改或补充，还需要参与协助施工方挑选、购买装饰材料、家具、窗帘、灯具等相关设施。施工结束之后，还需要配合质检部门和使用单位或建设单位做好工程项目的检查和验收工作。

1.6.2　餐饮空间设计的方法

1) 实地考察和观察

实地考察和观察，是餐饮空间设计的基本方法。只有亲自去考察、比较各个餐饮空间的情况，如雅座、散席、包房、厨房、卫生间等，了解各个空间的氛围、需求、工作人员的工作流程、宾客的交通流程、厨房的功能分区流程等，才能进行有效的功能、交通、空间秩序的思考。

2) 明确目标

设计之前要明确定位和作用，以此作为设计目的和意义。为什么要走进餐饮空间？餐饮空间能够提供人们什么样的菜肴？餐饮空间提供顾客什么样的空间？餐饮空间的设计定位是什么？环境、交通流线、功能布局、陈设、装饰、材料等如何安排、如何设计？业主(老板) 的设计要求、精神理念和设计定位是什么？总体造价是多少等，这些都是进行设计思考的方法和出发点。

3) 分析思考

无论什么样的餐饮空间，作为设计的人员，需要了解业主的设计要求和设计定位、大致的造价；需要走进现状的餐饮空间的现场或场地中，进行现场的勘察，了解具体的地理坐落和朝向；需要与同行业的设计进行比较，这需要作一些市场的调查，包括现场的数码相机拍照、或者同行业经典作品的电子文件或图书的学习；设计定位决定了设计发展的总体趋势，以上只是设计思考的前期准备。

设计思考借用以上的基础作为前提，先要进行平面设计图的功能分区分析和设计，进行交通流线的分析和设计；其次是光线、灯光、吊顶等方面的空间大小的营造思考；同时，需要思考室内的重要场地的立面或者空间的效果，此时此刻要提供重要区域的、重点的、经典的、有趣味的地方的立面图或者效果图，即使是草图，但可以表达设计的思想和餐饮空间的特点与形象。

餐饮空间主要的空间串联，包括了主要的空间，如迎宾台、收银台兼酒水区、宾客等待区、雅座服务区、散席区、包房区、卫生间、厨房等，这些是功能上的安排；其次，餐饮空间也不能排除室内空间设计的三界，如地面(地坪、地板)、天花(顶棚、吊顶)和立面的墙、柱等共同围合而成，空间的大小影响就餐的心理效果，因此设计过程中，不同空间需要各自思考；再者是交通流线，宾客入场的交通流线决定通道的宽度和设计，其中还包括了服务人员送菜、收拾等的通道，两者避免干扰，这也是需要思考的。

设计思考，需要结合市场调查、行业比较、现场调研，以及业主的定位，市场需要来进行设计，具体设计从功能空间、交通流线开始，空间的大小、装饰效果等是设计的主线，这是设计思考的方向和方法。

1.7 餐饮空间色彩设计

本节引言：

　　餐饮空间的色彩，冷暖、豪华和简朴、色彩的尺度和距离等，具有对餐饮空间的档次、高贵、特色等的暗示和彰显作用，能够明示餐饮空间的档次，给人以情感，展示各类人群以文化情结。了解、学习、研究并与具体的运用相结合以掌握餐饮空间色彩搭配。

　　色彩在任何空间设计上都是尤为重要的，在餐饮空间设计中也不例外。对色彩的选择，受色相、明度与纯度三个方面的影响。色彩不仅能起到影响空间感的作用，还能影响消费者心理。

1.7.1 色彩的象征意义和心理感受

　　不同的材料有相应的颜色和质感，不同的材料也可以装饰成不同的颜色，颜色的不同会给人不同的视觉感受，表现为色彩的象征意义和心理感受。如冷暖、距离、重量和尺度等不同的心理感受。

　　1) 色彩的冷暖和象征意义

　　色彩的冷暖，如黄、红、橙等给人一种温暖和明亮的感觉，常常令人联想到火和阳光；青色、群青、湖蓝等色给人一种寒冷和遥远的感觉，常常令人联想到大海、江、河、湖等；绿色如翠绿、深绿、草绿、浅绿、淡绿等令人联想到田野、森林、草地、麦浪，给人一种寒冷和凉爽的感觉。这就是色彩的冷暖感和象征意义。

　　在商业空间中，利用色彩的冷暖设计来调节气氛，如在酒吧、卡拉OK厅、舞厅等娱乐空间中可以用大量的暖色调来烘托热烈、欢迎、欢快的气氛；而在餐饮空间中需要运用干净、明快的色彩来进行设计，用偏黄暖色作为主调，彰显餐饮空间的干净，刺激人的食欲，突出经营特色；冷饮店，则大量地用蓝、蓝绿、蓝紫等冷色来向宾客昭示夏天里的凉意，如图1-7-1、图1-7-2所示。

图1-7-1　牛公馆暖黄色基调　　　　图1-7-2　Cruise Restaurant冷蓝基调

2) 色彩的距离感

不同的色彩让人在视觉上产生一种进退、凹凸、远近的感觉。暖色系和明度高的色彩，如黄、橙、红等色令人产生一种近距离、凸出和拉近焦距般的感觉；冷色紫、蓝、绿或明度低的色彩，令人产生凹进、后退和一种遥远的距离感。可见利用色彩的距离进行设计，可以改变餐饮空间给人的感觉。

在餐饮空间中，小的空间，如包房，可以用明度高、暖色调的色彩增强空间，同时营造温馨、干净和增强食欲的作用。在顶棚装修中，使用亮度高、色彩明快的材料和色彩来增加空间；在高度过甚的大厅中，顶棚装修除了层次递进和下沉外，利用墙面比较暖和的色相深或明度低的色彩来降低空间，视觉上感觉下沉。

3) 色彩的重量感

色彩的重量感主要取决于明度和纯度，明度和纯度高的在重量上显得比较轻，轻松、明快，如白色、粉红色、浅蓝、浅绿；明度和纯度低的在重量上显得比较重，比较沉闷，如黑色、褐色等。

同类色，如淡绿、浅绿、草绿、橄榄绿、翠绿、深绿，在相对比较下，淡绿的要轻，翠绿、深绿的要重。暖色系中，红、橙、黄给人重的感觉；冷色系中，蓝、蓝绿、蓝紫给人的感觉也比较重。物体的质感也同样影响重量感，同样的色彩，如白色，松软的棉花、刚覆盖下来的白雪使人感觉轻盈；同样是白色，如果是光洁的白色大理石球，就会给人以厚重感。物体的质感、光洁、细密、坚硬、表面结构松软等直接影响物体的重量感。

4) 色彩的尺度感

暖色、明度高、纯度强的色彩具有膨胀感、扩张感；冷色、明度低、纯度低的色彩具有收缩感和内聚感。恰当地运用色彩在室内设计中表现，能够改善空间的大小和感觉。

5) 色彩的华丽与质朴

从色相和色彩的明度来看，暖色和明度高的色彩给人感觉华丽、华美，冷色和明度低的色彩给人比较质朴。从纯度上看，纯度高的更华美、华丽，而纯度低的就显得质朴。从质地上来说，质地细密有光泽的华美，质地疏松无光泽的陈旧或质朴。

6) 色彩的积极作用

从色相方面看，红、橙、黄暖色系比蓝、蓝绿、蓝紫、紫红等冷色更加给人感觉积极和兴奋；从纯度来看，高纯度的色彩比低纯度的色彩容易刺激人，引起人的注意，从而使人产生兴奋；同纯度的不同色彩因为明度的不同，明度高、亮度高的色彩，刺激性强，能更容易吸引眼球。在餐饮空间中，宴会厅、包房、雅座空间喜用暖色、明度高的色彩，包括了墙面色彩和灯光色彩，容易刺激食欲，增强喜庆气氛。

1.7.2 餐饮空间中的色彩设计

现代餐饮空间设计风格特征呈现多元化发展趋势，在设计过程中更注重将顾客的心理感受融入整个设计中，注重材料和色彩的搭配。

1) 充分考虑到不同餐饮空间中不同的功能和性质要求

不同功能空间的色彩运用，需要通过考虑具体的功能和主题来进行分析，实现餐饮空间的不同设计，一般而言，餐饮空间的中庭、散席厅等广泛使用明亮的装饰和暖色的照明，雅座包房等因为需要可能采用暗淡的暖色或紫红色的局部照明，利用灯带、地灯或壁灯来营造特色空间。主题性营造，如武汉市中南路的"绿茵阁"西餐厅，室内比较阴暗，它用蓝紫色呈现出一种冷色调和一种神秘的色彩。

2) 利用色彩影响空间效果

不同色彩给人感觉不同，相同色相不同明度的色彩给人感觉不同，冷暖色彩给人的感觉也不同。因此，需要通过色彩来调节空间的变化，改善空间的性质和空间环境，如空间的大小、空间的氛围，喜庆、神秘、新颖或者某种主题精神。如大包房，通过低明度冷色系的装饰和装修，使人减少空旷感，如图1-7-3、图1-7-4所示。

图1-7-3　北京丰沃德餐厅　　　　　　　　图1-7-4　德福会新派火锅店

3) 色彩利用需要尊重人的需求、地域精神和民族精神

色彩在空间中的运用，需要注重人的需要，餐饮空间的色彩运用要给人以美的享受。因此在色彩的利用时要充分注意色彩的对比、搭配、协调与统一的关系。色彩促进了空间、造型、形态、大小、比例上的变化、节奏和对比，共同满足人的感官、生理和精神的需求。

不同民族和地域，因为生活习惯的养成和地域性、历史性文脉的形成，促使餐饮空间表现为不同地域和民族的区别，因此色彩规律的运用不能成为僵硬的教条。

由于不同年龄的人，以及生活的时代、历史的烙印以及文化教育的差异等，促进了对于不同餐饮空间色彩的不同喜好，针对不同消费人群应选择不同色彩搭配。

1.8　餐饮空间的照明设计

本节引言：

餐饮空间的照明是一种精神的象征，灯光的大小和不同表现为差异性，灯光的种类和类型的不同、光色色彩的不同、光影色彩的变幻效果等都会在餐饮空间设计中具体地反映出来，彰显出不同的空间特点，尤其是精神性和象征性的特点。这些具体的内容需要通过学习、了解和把握，并灵活运用在餐饮空间的设计中。

1.8.1 餐饮空间的精神功能

人们光顾餐饮空间，不单是为了满足口腹之欲，更多的时候是为了心理上的满足，即餐饮空间的氛围给顾客带来的审美和精神上的愉悦和满足。无论中餐厅还是西餐厅，都是设计通过空间、材料、色彩和灯光共同营造某种主题氛围来进行感染顾客的，其中灯光的作用功不可没。顾客可以从餐饮空间的氛围中寻找传统的过去，发现创新的异域风情和感官的刺激，去感受不同的文化和灯光色彩的情趣，如图1-8-1所示。

图1-8-1　不同灯光效果营造不同的氛围(一)

图1-8-1　不同灯光效果营造不同的氛围(二)

1.8.2 餐饮空间照明的差异性

餐饮空间照明的差异性体现在餐饮空间的种类、装饰性表现和细节的表现等几个方面。

餐饮空间的种类通常有三种，这是不同空间照明产生差异性的原因之一，即私密性餐饮空间、休闲餐饮空间和快速消费空间。私密餐饮空间如西餐厅、酒吧、高档会所等，人们聚集此地在于空间的体验和娱乐，这里空间柔和低调，整体的照度比较低，个别的特色装饰是作为视觉中心被照亮的，可见需要整体的照明和照明水平与系统的控制。休闲空间如大部分的酒店设计和饭店设计，这里品尝食物格外重要。这样的餐饮空间的照明设计均匀、不突兀，照度控制在50~100lx。快餐类消费空间，如学校餐厅、自助餐厅、麦当劳、肯德基、德克士等餐饮空间，就餐的客人追求的是快捷优质的服务，业主老板追求的是批量的客户流通，照明设计采用500~1000lx高照度和高均匀度来体现经济与效率。

餐饮空间的装饰性，表现在对于具体餐饮空间中的陈设品、花卉、雕塑、突出的墙面展示，灯具本身也是一种装饰性的元素。通过餐饮空间的灯具，如各式吊灯、各种壁灯、光纤、LED灯，对于这些灯具的装饰，可以为餐饮空间带来点睛之笔。西餐厅因为空间过高，用枝形吊灯来装饰，减少空旷感；中餐厅因为空间可能较低，用灯笼形吊灯做装饰，减少压抑感。对于空间的采光，餐饮空间用两种灯光来适应白天和夜晚，考虑到白天的自然光，餐饮空间的灯光，白天用暖白色来协调，夜晚用暖黄色来表现，使来宾产生令人难以置信的感觉。

餐饮空间装饰体现细节，表现在体现餐饮空间内具体的食品的色彩，传递食品的色香味，如照亮和呈现面包、蛋糕、果汁、红酒等食品柜，展现诱人的食欲色彩，因此一般食品柜的照度是周围照度的两倍，日本照度标准则推荐辅助照明和一般照明的总和达到1000lx。与此同时，餐饮空间也是人交流的重要场所，交流者的皮肤色彩的健康色也是一个积极、和谐的重要体现，因此餐饮空间照明的色彩显色性也是一个重要的指标，因此，一般照明和局部照明要选用显色指数的光源(显色指数至少在80以上)。当餐厅档次比较高的时候，往往会要求显色指数达到90以上，灯光的照明是为了照亮以便顾客看清楚食物。细节照明还表现在用白炽灯专注于桌面上、座位四周、壁龛等，营造一种亲切的氛围，餐厅里的前景照明的照度在100lx，而桌面照明在300~750lx之间比较适宜。照明如果要适宜周围环境的变化，要装置照明调节器来协调。餐饮空间的细节照明，彰显餐饮空间的菜系、文化、风味、风格和氛围特色，令整体和谐并相得益彰。

1.8.3 灯具的种类和造型

灯具照明，照明设计的最终效果是通过照明灯具实现的，同时照明灯具是作室内陈设而出现的。一般而言，餐厅经常用到的灯具包括：吊灯、射灯、筒灯、荧光灯盘等几大类，如图1-8-2所示。

台灯和壁灯一般作为局部照明或一般照明的补充，在很多主题餐厅中为了避免呆板的单一照明，常在整体照明中增加几盏台灯或壁灯来补充台面照度的不足，丰富空间的层次。灯具的位置比较低，需要做好灯具的遮光处理，避免在人的视线范围内产生眩光。

吊灯出现在面积较大的餐厅和档次较高的宴会厅，常常位于餐厅室内空间的中心，在空间中它是最明亮的物体，往往成为空间的视觉中心，它的造型和风格在很人程度上决定了餐厅的品位和档次。例如宴会厅为了表现贵族气质，采用华丽的水晶吊灯；为了表现海洋为主题的风味餐厅，用鱼型吊灯来表达设计思想。在使用筒灯或荧光灯作为一般照明的餐厅，可以用吊灯作为补充照明。

筒灯的口径小，主要特点是外观简洁，隐蔽性强，不易引起人们的注意。在餐饮空间的照明中，单独使用，可以得到很好的整体照明，可以通过沿墙壁的筒灯与中间的荧光灯并置，形成餐饮空间的整体效果，得到均匀的整体照明，还可以加强装饰墙面的照明。

格栅荧光灯盘是照度要求较高的餐厅不可缺少的照明灯具，它以其较高的照明效率和经济性成为各类快餐厅和中低档餐厅的首选灯具。

反光灯槽，又称暗藏灯带，通过反射光使餐饮空间得到间接照明，主要特点就是在餐桌上不会有明显的阴影，从而创造了一个良好的就餐视觉效果。总的来说，餐饮空间无论选用哪种灯具，灯具的风格需要与室内陈设协调一致，能够唤起宾客的食欲。

图1-8-2　灯具类型

1.8.4　餐饮空间照明类型

灯光的存在不是孤立的，它们需要共同为餐饮空间服务，灯的种类有吊灯、吸顶灯、宫灯、壁灯、筒灯、暗灯等，不同的灯具，系统化使用才能显现出它的魅力。

餐饮空间的照明主要采用一般照明、混合照明和局部照明三种方式。一般照明是对餐厅室内整体进行照明，不考虑局部照明，能使就餐环境和餐桌面的照度大致均匀的照明方式，这是风格简洁，顾客群体大众化的餐饮空间经常采用的照明方式。

混合照明，由照度均匀的一般照明加上专门针对就餐面的局部照明共同组合而成的一种照明方式，主要特点是层次感强，可以形成一个属于该桌客人的独立的光照空间，常用于中高档餐饮空间的照明设计中，如图1-8-3所示。

图1-8-3　一般照明与混合照明

酒吧、咖啡厅的照明方式则采用局部照明，为强调特定的目标而采用的照明方式，强调某点或很小的面积。酒吧的照明可仅用于桌面和陈列展示部分，通过局部照明将人们的视线吸引到有文化氛围和体现情调的地方，于是形成视觉的趣味中心，创造酒吧的独立个性。如局部的龛、浮雕、青铜器、雕塑、壁画、标志、装饰纹样等装饰或雕塑，如图1-8-4所示。

图1-8-4　局部照明

1.8.5　光色色彩作用

光是色彩的唯一来源，餐饮空间的色彩主要来源于照明，照明产生的色彩就是诱导人们产生食欲，产生对于空间档次的心理评价，产生对于餐饮空间的愉悦和信赖。

照明产生的色温效果表现为：色温低，感觉温暖；色温高，感觉凉爽。光源的色温应与照度相适应，当照度增加，色温也相应提高。比如，低色温、高照度时，感觉酷热；而高色温、低照度时，又感觉到气氛阴森。低色温的通常都是暖色，高色温的通常都是冷色，它们之间的是中间色，如图1-8-5所示。

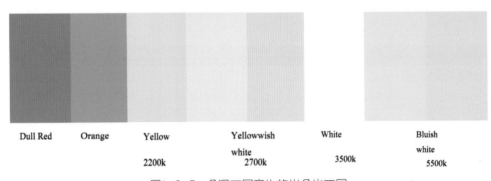

Dull Red	Orange	Yellow	Yellowwish white	White	Bluish white
		2200k	2700k	3500k	5500k

图1-8-5　色温不同产生的光色也不同

餐饮空间中，一定的黄色或者暖光源，用在顶棚，令人兴奋，感觉比较温暖，也可能闷热。大量地使用高色温的冷光源能够照得清楚，但饮食的色彩可能失真，饮食看起来可能变质，因此局部需要低色温的照明照亮桌面，看清饮食，刺激食欲。由于宴会厅习惯于开敞明亮的照明，故此选用的大范围的照明比较多。而像酒吧或者围着篝火的小酒饮食或者舞蹈活动，通常在少光的环境下活动或进餐，便于降低呼吸频率，身体机能得以放松，精神上容易获得愉悦的感受，因此酒吧或者咖啡厅常常"惜光如金"。餐饮空间的照明和色彩设计讲究不同场合的差异，因此大众场合的照明是整体照明，而私密空间的照明是局部照明，或者两者有机结合。

白色灯光和冷色灯光(高色温)的场景，人类经过进化已经适应，呼吸频率高，心跳快，人们工作自然。同时由于白色光源的亮度高，让人很容易缺乏私密性，白色和冷色由于心理的象征效应，多少具有忧伤、孤独和冷清的心理特征，如果大量使用，无论是高端的宾客还是低端的顾客，都容易失去。因此尽量使用偏暖色的光源，让被照射物体色彩保真。暖色光源(低色温)和适当的照度需要与高色温(冷色)或者中间色温相结合，增加空间的层次感，消除闷热、忧郁，增进食欲，获得欢快的感觉和气氛。

为了满足餐饮空间的不同需求，比如：桌面上的暖色局部照明；宴会厅木材天花板，用暖黄色高亮度的照明，容易使得木材特性充分体现；咖啡厅或者吧台上的局部照明；走廊里的局部照明；壁龛或者雕塑、浮雕等装饰品的局部照明等，能够营造不同的氛围和效果，产生不同的层次，如图1-8-6所示。传统的餐厅，采用暖黄色光源(低色温)高照度能够彰显室内怀旧的氛围；现代餐厅，特别是面向年轻人的快餐厅，可选择色温在4000～4300K的光源，既满足了餐厅类照明设计的要求，又使空间有明亮、轻快的现代新潮之感。

图1-8-6　不同照明产生不同就餐氛围

1.8.6　光影变幻效果

　　餐饮空间一般情况下为通亮的照明，餐饮空间由于存在广大的宴会厅散席、雅座、卡座、包房、吧台、咖啡厅或者快餐服务等各种项目或者不同主题与档次的要求，因此餐饮空间的照明要普通照明与局部照明相结合，明暗有序，合理使用，如前者适宜于宴会厅散席，后者适宜于卡座、吧台、咖啡厅或者舞厅的酒水区，灯光的暗淡营造一种轻松、神秘的情调。同时，装饰照明如壁龛、雕塑、景观绿化、水景或地面灯带等，要的就是营造一种新奇感。

　　通过餐饮空间不同区域的色温和照度的变化，用餐的桌面用暖色低色温照明，提高食欲和增强私密性和领域感；散席区实行整体的通亮照明，暖黄色调，增强温馨、浪漫、和谐的氛围；吧台、咖啡厅用局部或者冷色的高色温照明，形成轻松愉悦的氛围；快餐厅运用高照度、色温适中的暖黄色照明，简洁、明快、干净，吸引年轻人光临。装饰的空间如走廊壁龛、雕塑、灯带、水景、绿化等的局部光影效果，形成一个又一个视觉的观赏节点和中心，都是通过光影变幻的效果实现的，如图1-8-7所示。

图1-8-7　光影变幻营造出丰富的空间层次

1.9　餐饮空间的绿化与陈设

本节引言：

　　餐饮空间的绿化与陈设，既是一个在餐饮空间中充当物质作用的因素，更是体现餐饮空间的精神作用和象征作用的因素。通过不同特色陈设和绿化的运用，体现餐饮空间的设计品位和特色，因此，需要了解、学习和熟悉餐饮空间中的绿化功能、作用、品种和各自的特点。同时需要熟悉陈设的风格特点和各自的摆放、意义和作用，这样做到在设计中心中有目标，为餐饮空间设计做好铺垫。

1.9.1　餐饮空间的绿化

　　餐饮空间中的绿化具有一定的移情功能，人们通过观看餐饮空间中的各种绿化，通过绿化的视觉美感、花香馥郁等做到身心上的调整，愉悦心情的同时对就餐氛围产生好感，如图1-9-1所示。

图1-9-1　绿色植物增加了餐饮空间的生机

　　植物从视觉观赏的角度来看，表现为观叶、观花和观果。观叶植物，必然枝繁叶茂，是室内植物的主要组成部分。常见植物有水棕竹、文竹、龟背竹、散尾葵、万年青等；观花植物因为花色艳丽，千姿百态，芳香馥郁，沁人心脾，能够活跃气氛，调节心情，常见的有君子兰、仙客来、秋海棠等；观果植物，因为形状和色泽美丽可人，备受人们的喜爱，常见的有橘树、石榴、冬珊瑚等。

　　绿化从植物学分类，可以分为木本植物、草本植物、藤本植物等，木本植物如常见的棕榈、石楠等；草本植物如吊兰、兰花等；藤本植物常见的有紫藤、葡萄、凌霄等。

　　绿化对于餐饮空间来说，具有如下作用。

　　(1) 美化作用。因为室内空间具有装饰性和观赏性，绿化植物由于具有生动的形状、独立的质感、颜色和气味，能加强室内空间的艺术感染力，令人得到美的享受。同时也是用来遮丑的工具，如遮挡死角，从而完善和美化空间。

　　(2) 改善空间环境。植物可以吸收室内空气中的有害气体，如仙人掌、芦荟、吊兰等植物都具有吸收甲醛的作用；绿色植物还具有净化空气、降尘的作用，并能调节室内温度和湿度，降噪静声。

(3) 组织空间。绿化可以用来分隔空间和组织空间，使得空间灵活运用，产生相对的私人空间和领域感。

(4) 满足精神需求。由于人是自然的人，当人们见到植物，仿佛重新回到了自然界，倍感亲切和放松，心境得以净化，嗅觉、视觉得到神奇的美妙的享受，有助于修身养性、缓解疲劳、减缓压力，形成美的共鸣。

植物的大小选择需要根据空间大小进行。室内空间和面积较大，适合选择体积较大的植物和盆景，如棕榈、椰子树等；室内空间较小时，选用较小体积的植物和盆景；室内空间非常小时，不宜用悬垂绿色植物，否则有拥挤感、压抑感，如图1-9-2所示。

根据餐饮空间的功能选择植物。选择绿色植物要根据室内功能特点，充分利用植物分隔空间、组织空间、填补室内外空间的死角，遮丑或掩盖建筑结构中不足的部分，如图1-9-3所示。

图1-9-2 根据空间大小选择适宜尺寸的植物

图1-9-3 组织空间，形成景观角落

根据室内风格选择植物的色彩和类型。不同的绿色植物有不同的形态和色泽，表现为不同的性格和气氛。在选择植物时要考虑到餐饮空间的设计风格、气氛和色彩协调一致。如中国式的院墙、屋檐，植物的选择可以是罗汉松、竹、兰草等。

选择合适的植物容器。植物容器的选择，其大小应与植物的大小相匹配，质地和造型风格也应与室内设计风格协调。如大宴会厅的入口，可以用适当的绿萝、散尾葵等装点，而小的包房，可能只能用文竹、秋海棠或鹅掌柴来装点了。

充分考虑植物生长的习性。植物的选择，需要了解植物的习性和特点。根据植物对阳光的需要程度的不同，分为喜阴、喜阳或半阴性植物，然而餐饮空间通常并没有阳光的直射，因而多采用喜阴的植物或半喜阴的植物。

充分利用水景、石景等景观环境构建餐饮空间的绿化景观。水是万物之源，也是景观中的常见元素，水景可以调节室内气候，可以成为绿化环绕的中心，构成生境，使空间富于生命力。静水优雅，动态水活泼。喷泉、瀑布能使空间充满生命力，再配上背景音乐，将使整个室内空间充满令人心旷神怡的意境。

山石由于独特的自然脉络、纹理、质感、色泽、光滑与粗犷等具有观赏性，常见的山石有湖石、英石、黄石、斧劈石、石笋、珊瑚石等。山石与植物、水景等共同构成生态景观，如果加上背景音乐，会使整个室内空间充满诗情画意而具感染力。

1.9.2　植物的种植形式及摆放

餐厅的植物种植形式以盆栽、插花为主，根据植物绿化在空间中所起的作用，可将其分为以下几种组合方式。

(1) 空间分隔式绿化：应用于餐位或餐区之间的空间划分，采用相同种类的盆栽，略高于坐高，呈带状或线形摆放在不同餐位之间，利用植物绿化围合或分隔不同的就餐空间。

(2) 立体式绿化：采用悬挂、悬挑、立柱、几架等形式进行立体式绿化，增加绿化面积，同时可以装饰门窗、立柱等。

(3) 点缀式绿化：主要是以小型花卉盆栽及插花为主，摆放在餐桌或重点位置，在餐厅设计中主要起装饰和烘托气氛的作用。

1.9.3　几种餐饮空间的陈设设计特点

1) 宴会厅空间的陈设

"宴会厅"环境设计，一定要讲究气势、富丽、华贵、明亮、热烈的氛围，多数在顶棚上采用多种风格，多种空间造型层次与豪华的吸顶灯作为重点陈设，如图1-9-4所示。

图1-9-4　东京君悦酒店——陈设富丽而热烈

2) 中餐厅空间的陈设

"中餐厅"环境陈设设计以中国传统风格为基调，结合中国传统建筑构件，斗拱、红漆柱、雕梁画栋、沥粉彩画，经过提炼塑造出庄严、典雅、敦厚方正的陈设效果，同时也通过题字、书法、绘画、器物，借景摆放，呈现出高雅脱俗的性灵境界。此外巧用中式百宝阁、大红灯笼以及传统风景古香缎，孕育出浓郁的中国传统风格。

一个完美的中式餐厅，只有中式风格的设计与装修是远远不够的。缺少了视觉中心的设计是不能给顾客留下深刻印象的。因此，在空间和交通的视觉焦点，以及一些墙面的"留白"部分，常常以一些带有中国特色的艺术品和工艺品来进行点缀，以求丰富空间感受，烘托传统气氛。

在中式餐厅中，常用到以下装饰品和装饰图案。

(1) 传统吉祥图案在中国深受喜爱。传统纹样表现为拙中藏巧，朴中显美，它以特有的装饰风格和民族语言，几千年来在民间装饰美术中流行，给人们带来美好生活的向往和精神上的愉悦。吉祥图案包括：龙、凤、麒麟、鹤、鱼、鸳鸯等动物图案和松、竹、梅、兰、菊、荷等植物图案，以及它们之间的变形组合图案等。

(2) 中国字画具有很好的文化品位，同时又是中式餐厅很好的装饰品。中国字画有3种长宽比例：横幅、条幅和斗方，在餐厅装饰中到底确定何种比例和尺寸，因墙面的大小和空间高度而定，如图1-9-5所示。

图1-9-5　字画是中餐厅中常见的陈设品

(3) 古玩、工艺品也是中式餐厅中常见的点缀品，它的种类繁多，尺寸差异很大。大到中式的漆器屏风，小的到供掌上把玩的茶壶，除此之外，还有许多玉雕、石雕、木雕等，甚至许多中式餐馆常见的福、禄、寿等瓷器。对于尺寸较小的古玩和工艺器皿常常采用壁龛的处理方法，配以顶灯或底灯，会达到意想不到的视觉效果。

(4) 生活用品和生产用具也常常用于中式餐厅的装饰。特别是那些具有浓郁生活气息和散发着泥土芬芳的用品和用具常常可以引起人们的幽思，使人浮想联翩，感慨不已。这种装饰手段在一些旅游饭店的中式餐厅运用颇多，它可以使旅游者强烈地感受到当地的民风民俗。这类装饰品有的是悬挂于墙面，甚至在顶棚上，也有的在餐厅的角落或靠墙边一带做成一个小小的景观，这种落地的处理一定要注意不要影响交通，也不能占太大的面积，否则会有喧宾夺主之嫌。

　　3) 西餐厅空间的陈设

　　西餐厅环境陈设设计常以西方传统建筑模式，如古老的柱饰、门窗、优美的铸铁工艺、漂亮的彩绘玻璃及现代派绘画、现代雕塑等作为"西餐厅"的主要陈设内容，并且常常配置钢琴、烛台、好看的桌布和豪华的餐具等，呈现出安静、舒适、幽雅、宁静的环境气氛，体现西方人的餐饮文明与文化档次。

　　西式餐厅离不开西洋艺术品和装饰图案的点缀与美化。不同空间大小的西式餐厅对这些艺术品与图案的要求也是不一样的。在一些装饰豪华的较大空间中，无论是平面还是立体的装饰品尺寸一般都较大，装饰图案也运用较多。而空间不大的西式雅间，装饰品的尺寸都相对较小。至于装饰品和装饰图案的多少，一定要从实际需要出发，在一些较大墙面的空旷处或在一些视线的"聚焦"点上加强装饰与处理。特别要注意避免装饰品和图案越多，餐厅的豪华程度就越高的错误想法。怎样才能把握好适宜的"度"，这就需要设计师不断地提高自身的休养，增强对美的欣赏和鉴别能力。

　　西式餐厅的装饰品与装饰图案可以分为以下几类。

　　(1) 雕塑。雕塑从古至今就是所有西洋艺术中最伟大、最永恒的。西式餐厅经常需要用一些雕塑来点缀，根据雕塑的造型风格可以分为古典雕塑与现代雕塑。古典雕塑适用于较为传统的装饰风格，而有的西式餐厅装饰风格较为简洁，则宜选现代感较强的雕塑，这类雕塑常采用夸张、变形、抽象的形式，具有强烈的形式美感。雕塑常结合隔断、壁龛，以及庭院绿化等设置。

　　(2) 西洋绘画。包括油画与水彩画等。油画厚重浓烈，具有交响乐般的表现力；而水彩画则轻松、明快，犹如一支浪漫的小夜曲。油画与水彩画都是西式餐厅经常选用的艺术品。油画无论大小，常配以西式画框，进一步增强西式餐厅的气氛，而水彩画则较少配雕刻精细的西式画框，更多的是简洁的木框与精细的金属框。

　　(3) 工艺品。工艺品是欧美传统手工艺劳动的结晶，经过近现代的"工艺美术运动"、"新艺术运动"和"装饰艺术运动"的发展，已达到了很高的水准。工艺品涵盖的范围很广，包括瓷器、银器、家具、灯具以及众多的纯装饰品。西式餐厅的室内设计常常将这些工艺品融入整个餐厅的装饰以及各种用品当中，如银质烛台和餐具、瓷质装饰挂盘和餐具等，而装饰浓烈的家具既可作为雅间使用，也可在一些区域作为陈列展示之用，以充分发挥其装饰功能。

　　(4) 生活用具与传统兵器。除了艺术品与工艺品之外，一些具有代表性的生活用具和传统兵器也是西式餐厅经常采用的装饰手段，常用生活用具包括水车、飞镖、啤酒桶、舵与绳索等。这些生活用具都反映了西方人的生活与文化。除此之外，西方在传统上具有争强好胜的天性，能征善战的人便成为人们心中的英雄。因此传统兵器在一定程度上反映了西方的历史与文化，传统兵器包括：剑、斧、刀、枪等。

　　(5) 装饰图案。在西式餐厅中也常采用传统装饰图案。西式传统装饰图案在"新艺术运动"的促进下得到了长足的发展，主张完全走向自然，强调自然中不存在直线，因而在装饰上突出表现曲线和有机形态。其装饰图案大量采用植物图案，同时也包含一些西方人崇尚的凶猛的动物图案如狮与鹰等，还有一些与西方人的生活密切相关的动物图案如牛、羊等，也有将牛、羊的头骨作为装饰品。

4) 快餐厅空间的陈设

快餐厅反映的是一个"快"字，用餐者不会多停留，更不会对周围景致用心观看，细细品味，所以陈设艺术的手段多以粗线条，快节奏，明快色彩，做简洁的色块装饰为最佳。用餐人流动较多，一定要在区域的划分上，矮隔断上，墙壁的装饰上，家具式样上多下工夫。这里所说的下工夫，不是指多加装饰花纹，而是要通过单纯的色彩对比、几何形体的空间塑造、整体环境层次的丰富等，取得快餐环境所应得到的理想效果。快餐厅被分割成几个不同的区域，空间更有人情味。可移动的座位、双人餐桌数量的增加、柜台前单人顾客座位的增加，使用餐的环境更加符合时尚，摆脱了过去快餐简单、单调、粗俗的形式。快餐厅要使用清洁、耐久、精致的地砖，既美观又耐用。

如有一家快餐店，过去经营不善，在陈设布置上，顾客看不到食品，并且环境非常沉闷，毫无生气，后来经过重新设计，将食品柜台陈列在入口走廊的过道上，顾客能够直接看到柜台中的食品，加上淡淡的色调、五彩缤纷的霓虹灯饰，与夸张的食品雕塑融为一体形成一种新的欢乐、友好的快餐厅形象。

5) 风味餐厅空间的陈设

风味餐厅比较复杂，要根据地方特点、配餐需求合理设置，如需设海鲜柜台、熟食柜台，有地方节目演出的还需设小舞台，这是功能上的需求。

陈设艺术方面的构想更为重要，有好的构思是设计成功的一半，熟悉风味餐饮的独特点，抓住地方风土的人与情，配合当地绘画、图案、雕塑、陶瓷器皿、特制趣味灯饰等，只要新颖独特，各类物件进行巧妙安排，一定会给就餐者留有深刻美好的回忆，如图1-9-6所示。

图1-9-6　百年老妈火锅店室内陈设以中式川蜀样式为主

6) 茶室空间的陈设

(1) 装饰品。室内陈设也是餐饮空间气氛营造的重要手段，室内陈设包含的面非常广，从字画、雕塑、工艺品等艺术品，到人们的日常生活用具与用品，都可以成为室内装饰品，只是设计师应根据需要以及不同类型的餐厅去选用相应的室内陈设。室内陈设可以为就餐者提供文化享受，增加就餐情趣。

（2）绿化。绿化是室内设计中经常采用的装饰手段，几乎所有的餐饮空间都有绿化的装扮。它以其多姿的形态、众多的品种和清新的绿色得到了人们的青睐。绿化在餐饮空间中的运用非常广泛。有用于点缀"空白"的盆栽，有用于限定空间的绿化带，还有用于"串联"上下空间的高大乔木等，无论是色彩还是形态，都大大丰富了餐饮空间的视觉效果。

（3）室内景观。在餐饮空间中，为了表达某个主题，或是增加室外气氛，经常在一些不影响使用功能的所谓"死角"设计室内景观，这些景观让就餐者感受到某些寓意或情调，如图1-9-7所示。

图1-9-7　茶室陈设

单元训练和作业

1. 作业欣赏

作业欣赏，分别列举第八届大学生餐饮空间比赛作品图像3幅，韩国作品一幅，以供欣赏。通过不同餐饮空间的空间布局、家具造型特点、装饰和陈设的分析、灯光照明设计的比较，欣赏不同风格和国家餐饮空间设计的特点。

2. 课题内容

运用餐饮空间设计的基本方法，合理布置餐饮空间的平面，从餐饮空间的功能分布，收银台、迎宾台、雅座、散席、包房、卫生间、活动举办背景设计；整体的风格设计与安排、陈设的布置、灯光大小造型、亮暗等设计；空间开合、上升、下沉等设计的安排；景观空间的布局等进行设计与安排。通过自己的思考、调研和表现某种风格要素特点的需要，进行综合设计。

课题时间：16课时。

教学方式：运用图片进行说明，通过具体餐饮空间的安排、家具柜台等的造型材料色彩分析，灯光造型色彩的分布和安排分析，陈设如图画、器皿、植物等的安排，具体地把握设计的特点。

要点提示：通过调研确定设计的目标和方向；确定方向之后，明确某个方向和目标应该拥有的相应的特色空间和装饰风格，创新或即将形成的陈设、装饰，以及家具的造型特点和风格等，然后进行平面设计、立面设计、效果图的列举。

教学要求：主要是草图设计，同时结合CAD等进行软件设计。

训练目的：学会调研，确立目标和方向，掌握初步设计的方法和基本的设计能力，无论是手绘的还是电脑软件制作的，都需要尝试，需要练习。

3. 其他作业

完成某种风格或目标的餐饮空间设计之后，可以考察生活中的某个餐厅，进行脚步测量，估计空间大小，考察现有设计的状态，分析设计的优劣，找出更好的设计思想，最后进行改良设计，画出基本平面、立面设计图纸，无论是草图还是正规的制图，都需要完成。

4. 思考题

假设给你一个餐饮空间，如你经常走进的某个餐饮空间，食堂里的某个餐饮空间或者学校门口的某个餐饮空间，以现有的建筑空间大小和基本的结构空间，无论是原始的建筑空间还是现有的餐饮空间，都需要根据其空间大小进行设计，拿出具体的方案。

5. 相关知识链接

(1) 阅读霍维国、霍光编著的《室内设计教程》，了解餐饮空间章节中的基本的功能布局情况的说明。

(2) 阅读刘蔓的《主题餐饮空间设计》，了解陈设和装饰造型设计的重要性。

第2章 各类餐饮空间设计

课前训练

训练内容：通过各类餐饮空间的特点的了解，学习并设计各类餐饮空间的平面布局。利用给定的建筑空间平面，根据各类餐饮空间的不同特点，进行平面草图的练习；根据平面草图，画出相应的立面图；根据平面和立面的设计，创意出想象的三度空间图形。

训练注意事项：建议每位同学能够拓展想象，注意人机尺寸和材料，重点是要动手画图。

训练要求和目标

要求：学生需要掌握餐饮空间的原则，熟悉各类餐饮空间的特点、风格，并熟练运用。

目标：根据设计的需求，对于具体类型空间，能够根据其特点风格，进行功能上的分析、平面布局的安排、装饰风格的搭配、并恰当运用图纸进行设计表达。

本章要点

◆ 餐饮空间设计的原则：餐饮行为、使用要求、美学需求。

◆ 餐饮空间的室内设计构成：交通流线、音响设施、垂直交通系统、灯光照明。

◆ 各类餐饮空间的装饰特点和文化特点。

◆ 各类餐饮空间平面设计的恰当分析和表达。

本章引言

中国的饮食文化由来已久，随着社会的发展，人们更加注重餐饮空间的文化与就餐的氛围。随着餐饮空间发展的多样性，现在各类餐饮空间也应运而生，百花齐放。不同的餐饮空间在设计时，既有相同处也有各自的特点。空间布局有什么样的规律？各自的风格都有什么特点？设计的过程需要注意或者遵循的规律？这些是本章重点阐述的内容，也是需要研究、学习和掌握的内容。

2.1 餐饮空间设计的原则

本节引言：

　　评判设计作品成功与否的标准包括空间环境是否优美、功能是否合理以及客户是否满意。成功的餐饮空间设计作品既要有设计创意和概念，还需要符合餐饮品牌的定位、有效控制成本的同时满足市场需求。

　　餐饮业属于消费性行业，企业的盈利和客户的经济效益是餐饮空间设计时需要调查和考察的重要问题。客户针对的消费对象，是设计作品的主要评判者，针对不同的消费群体设计也应有所不同，而设计师需要做的就是考察消费对象、预期的人均消费额、毛利、单位产量等因素，做适合消费群体的设计。餐饮空间设计的原则，重在空间的安排、设计与规划，设计人员需要研究和感受餐饮空间设计的具体功能需求，需要掌握餐饮空间布局的实际，明确交通流线的安排。

　　这些原则包括：餐饮空间的考虑因素、餐饮空间设计原则。餐饮空间设计原则细分为功能的、交通的和需求方面的。学习和掌握空间设计原则有利于各类餐饮空间设计的总体规划安排和设计。

2.1.1 符合市场定位满足餐饮行为

　　餐饮空间的设计定位最终是以目标市场为依据的，归根结底要以顾客的需求为依托，体现在设计上则要把握目标顾客的需求，遵循人的消费心理、审美要求以及餐饮行为的特点，做到设计为人服务。当代餐饮空间设计在经济迅速发展的信息化时代的影响下，其表达形式也日益变得个性化与多元化，餐饮空间设计的表达不仅是对艺术的理解，也是对一种特定文化的理解，对人的生活方式的理解，同时也在不断地促进着餐饮空间设计的发展。

　　市场定位包括餐厅经营的菜系和特色、规模等级、服务对象和范围等。不同的市场定位餐厅在形式上应有所不同。如经营日式料理和经营风味小吃的餐厅在设计风格上就应有所区别，使人一目了然。而同样是经营日式料理的餐厅由于规模不同，服务对象不同，设计上也会有不同，如图2-1-1所示。

图2-1-1　规模、服务人群影响餐厅设计

图2-1-1 规模、服务人群影响餐厅设计（续）

不同餐饮空间的类型是不同餐饮目的和行为的直接反映。

餐饮行为可以分为如下4种：

(1) 快速型就餐行为。如肯德基、麦当劳等快餐厅，这种餐饮空间设计要求简洁明快，注重空间材质与色彩的对比，在视觉与味觉的双重冲击下，达到快速的消费。

(2) 温饱型就餐行为。泛指一般餐饮场所。这种餐饮空间设计要求达到就餐使用空间的合理分配需求方式，重点在于各种功能空间尺寸的运用是否合理有效，注重整体的协调性。

(3) 舒适型就餐行为。这种就餐行为是将饮食文化作为生活的一种休闲方式，重点在于设计个性的表达与文化品格的诉求，是独特的色彩、陈设、空间形体和风格的综合演绎。

(5) 保健型就餐行为。在空间设计中引入了绿色设计的理念，营造室内的自然景观效果，是环保和生态概念的体现，如图2-1-2所示。

图2-1-2 不同餐饮行为影响餐饮空间类型

图2-1-2　不同餐饮行为影响餐饮空间类型（续）

2.1.2　符合功能尺度满足使用要求

　　餐饮空间无论怎样变化，都需要从功能出发满足使用合理性。不论餐饮空间的经营类型、文化背景、空间大小、形式及空间之间如何组合，都必须从实用功能出发，也就是必须注重空间设计的功能合理性，以满足餐饮活动的需求。其中尤其要注意各类餐桌椅的布置、各种通道的尺寸设计，以及送餐流程的便捷合理。

　　1) 功能设计

　　餐饮空间按其内部空间使用功能，可分为餐饮功能区和制作功能区两大类。餐饮功能区包括入口门厅区、接待等候区、用餐区、配套功能区、服务功能区。制作功能区是指进行加工制作的部分，包括原料筹措及加工区域、菜点生产制作区域、菜点成品完善与出品区域。

　　门厅是独立式餐厅的交通枢纽，是顾客从室外进入餐厅的过渡空间，也是留给顾客第一印象的场所。因此，门厅的装饰一般较为华丽，视觉主立面设店名和店标。根据门厅的大小还可设置迎宾台、顾客休息区、餐厅特色简介等。

　　接待等候区是从公共交通部分通向餐厅的过渡空间，主要是迎接顾客到来和供客人等候、休息、等待候餐的区域。一般设置于入口门厅向用餐区过渡的区域，与用餐区的分隔可采用隔断、绿化景观或屏风等进行分隔限定。

　　用餐功能区是餐饮空间的主要重点功能区，是餐饮空间的经营主体区，包括餐厅的室内空间的尺度、功能的分布规划、来往人流的交叉安排、家具的布置使用和环境气氛的舒适等，是设计的重点。用餐功能区分为散客和团体用餐席，单席为散客，二席以上为团体客。

　　配套功能区一般是指餐厅营业服务性的配套设施。如卫生间、衣帽间、视听室、书房、娱乐室等非营业性的辅助功能配套设施。餐厅的级别越高，其配套功能就相应越齐

50

全。有些餐厅还配有康体设施和休闲娱乐设施，如表演舞台、影视厅、游泳池、桌球、棋牌室等。

服务功能区也是餐饮空间的主要功能区，主要是为顾客提供用餐服务和经营管理服务。备餐间或备餐台存放备用的酒水、饮料、台布、餐具等菜品，一般设有工作台、餐具柜、冰箱、消毒碗柜、毛巾柜、热水器等。在大厅里的席间增设一些小型的备餐台或活动酒水餐车，供备餐上菜和酒水、餐具存放之用。

餐饮空间一般的制作流程是：采购进货→仓库存储→粗加工→精加工→烹煮加工→明档加工→上盘包装→备餐间→用餐桌面。主要的设备有炉具设备、排烟净化设备、加热保温设备、制冷设备、洗涤消毒设备等，如图2-1-3所示。

图2-1-3 西餐厅厨房内部

2) 厨房设计

厨房面积在总餐饮面积中应有一个合适的比例，防止过小或过大。计算厨房面积的方式有按餐位数计算、按餐厅面积计算、按餐饮前后台总面积中各部分的比例计算等。

(1) 按餐位数计算厨房面积。一般来说，与供应自助餐餐厅配套的厨房，每一个餐位所需厨房面积约 $0.5 \sim 0.7 m^2$；供应咖啡制作简易食品的厨房，由于出品要求快速，故供应品种相对较少，因此每一个餐位所需厨房面积约为 $0.4 m^2$。风味厅、正餐厅所对应的厨房面积就要大一些，因为供应品种多，规格高，烹调、制作过程复杂，厨房设备多，所以每一餐位所需厨房面积约为 $0.5 \sim 0.8 m^2$。具体比例可见表2-1。

表2-1 不同类型餐厅餐位数与对应的厨房面积比例

餐厅类型	厨房面积/餐位
自助餐厅	$0.5 \sim 0.7 m^2$
咖啡厅	$0.4 \sim 0.6\ m^2$
正餐厅	$0.5 \sim 0.8\ m^2$

(2) 按餐厅面积来计算厨房面积。国外厨房面积一般占餐厅面积的40%～60%。一般

饭店餐厅面积在500m²以内时，厨房面积是餐厅面积的40%～50%，餐厅面积增大时，厨房面积比例亦逐渐下降。

国内厨房由于承担的加工任务重，制作工艺复杂，机械加工程度低，设备配套性较差，生产人手多，故厨房与餐厅的面积比例要大些，最高可达70%。

(3) 按餐饮面积比例计算厨房面积。厨房的面积在整个餐饮面积中应有一个合适的比例，餐饮部各部门的面积分配应做到相对合理。从表2-2可以看出，厨房的生产面积占整个餐饮总面积的21%，仓库占8%。这里需要指出的是，这个面积是含员工设施、仓库等辅助设施在内的比例。在市场货源供应充足的情况下，厨房仓库的面积可相应缩小一些，厨房的生产面积可适当大一些。

表2-2　餐饮部各部门面积比例表

各部门名称	占餐饮面积百分比
餐厅	50%
客用设施(洗手间、过道)	7.5%
厨房	21%
清洗	7.5%
仓库	8%
员工设施	4%
办公室	2%

3) 交通流线设计

餐饮空间通道设计应该流畅、便利、安全，尽可能方便客人。通道适宜采用直线，避免迂回绕道，以免产生人流混乱的感觉，影响或干扰顾客进餐的情绪和食欲。不同类型餐饮空间，通道设计尺度也不同。一般来说中餐厅主通道控制在1200mm，西餐厅主通道宽度不低于1500mm。最小通道宽度控制在600～900mm。餐饮空间动线设计可分两方面考虑：客人动线和服务动线。

客人动线应以从门到座位之间的通道畅通无阻为基本要求，一般来说采用直线为好，可在区域内设置落台，既可存放餐具，又有助于服务人员缩短行走路线。

餐饮空间的通道餐厅的布局中，既要考虑充分利用营业面积，又要考虑方便客人进入和离开，还要避免打搅其他客人。餐桌间让一个客人的入座尺寸至少为450mm，行走的通道尺寸至少为900mm。

服务动线是工作服务人员将食物端送给客户的活动路线，设计时尽量避免与顾客动线发生重叠，避免冲突。设计时若发生矛盾，遵循以客人为先的原则。服务路线不宜过长(最长不超过40m)，避免穿越用餐空间。在大型的多功能厅或宴会厅外也可设置备餐廊。

2.1.3　符合形式美规律满足美学需求

餐饮空间是商业与艺术的并重，是创意与功能的结合，在满足市场定位和使用者的功能需要的情况下，运用形式语言来表现题材、主题、情感和意境，通过具有创造性的设计手法和设计语言满足对空间进行艺术处理符合形式美规律。

形式美规律是客观现实世界存在与人的美感满足相统一的结果。艺术形象的塑造、视觉因素的组合，越是与人对周围环境视觉习惯概念、经验感受相一致，越是符合人的审美意识，越能激起人们的直觉产生审美共鸣。

建筑艺术的形式美，系指建筑艺术形式美的创作规律，或称之为建筑构图原理。这些规律的形式，是人们通过较长时间的实践、反复总结和认识得来的，也是公认的、客观的美的法则，如统一与变化、对比与微差、均衡与稳定、比例与尺度、视觉与视差等构图规律。设计师在建筑创作中，饭店设计应当善于运用这些形式美的构图规律，更加完美地体现出设计意图和艺术构思。

餐饮空间设计形式美的规律是随着时代的进步、日益丰富的实践经验而发展的，在创作中运用新技术、新工艺，才能在餐饮建筑艺术构思中创新并设计出技术和艺术相结合的设计作品，如图2-1-4所示。

图2-1-4　符合形式美的餐饮空间设计

2.2 宴会厅的室内设计

本节引言：

宴会厅是以餐饮为中心的聚会场所，其特色为通过一件特殊的事件使人们共聚一堂，用来承办婚宴、纪念宴会、新年晚会、圣诞晚会、团聚宴会乃至国宴、商务宴等。宴会厅与一般餐厅不同，常分宾主，执礼仪，重布置，造气氛，一切活动有序进行。因此，室内空间常设计成对称规则的形式，有利于布置和陈设，以营造庄严隆重的气氛。

掌握宴会厅的功能设置、构成、音响设备和安排、交通流线、垂直交通系统灯光照明系统的安排，有利于宴会厅的空间安排、设计层次和档次的设计。

2.2.1 宴会厅的构成

宴会厅是酒店餐饮部的重要组成部分，是宴会部经营活动的重要场所。宴会厅建筑装饰豪华气派，就餐气氛高雅独特，卫生设施高档齐全，通常以一个大厅为主，周围还有数个不同风格的小厅与之相通或相对独立，许多酒店宴会厅还可根据宾客要求用隐蔽式的活动板墙或屏风来调节大小。由于宴会具有消费标准高、菜品丰富、气氛隆重热烈、讲究服务礼仪等特点，因此宴会服务从产品设计到席间服务均要求高规格的接待，如图2-2-1所示。

图2-2-1 凯悦集团宴会厅

宴会厅根据满座人数不同可分为小型、中型和大型。小型宴会厅满座人数在100人左右；中型宴会厅满座人数在200~300人，如图2-2-2所示；大型宴会厅满座人数在500人左右。

图2-2-2　中式大型宴会厅

宴会厅一般设置在酒店饭店内，既可单独设置，也可以采用与大餐厅功能相结合的形式，提高使用效率。设计时应充分考虑多功能使用的可能性，如将宴会厅临时分隔后兼有礼仪、会议、报告等功能。在宴会厅的室内设计中根据实际需要可以灵活隔断，可开可闭，以适用不同的要求，如图2-2-3所示。

图2-2-3　成都香格里拉宴会厅-兼具表演、会议、报告等多功能

宴会厅通常由大厅、门厅、衣帽间、贵宾室、音响控制室、家具储存室、公共化妆间、厨房等构成。

(1) 门厅部分常常设在大厅的入口处，门厅内通常是一个等候区，设置着休息的沙发或者座椅，一般显得非常豪放气派，门厅常常是大的玻璃幕墙装饰，有较好的采光和室外街景，门厅的面积常常是一般宴会厅总面积的1/3或者1/6，或者按照接待人数的每人0.2~0.3m²来计算。

(2) 衣帽间，是为宾客提供储存衣帽的服务的空间，它的面积按照每人0.04m²计算。

(3) 宴会厅的贵宾室设在紧邻主席台的位置，设有专门通往主席台的通道，由于是贵宾室，需要配备专用的洗手间和高级的家具设施。

(4) 音响控制室，以及辅助设备用房，为主席台和宴会厅提供音响设备的服务，在音响室里，应该可以观察到宴会厅和主席台上的活动情况，便于进行恰当的控制和安排。

(5) 宴会厅附近还有专门设置的家具储存室，存放不用或者暂时闲置的家具，以防不备之需。

(6) 宴会厅按照要求设计配备洗手间，通常比较隐匿或者通过遮挡处理，但都有一定的形象标识指示系统进行引导和指示。

(7) 在宴会厅中设置舞台，提供婚宴仪式、生日祝寿仪式等其他仪式所需，一般置于靠近贵宾休息室，并处于整个大厅的视觉中心的明显位置，应能使参加宴席的人都能见到，舞台常置于一端，不能干扰客人的动线和服务动线。

(8) 宴会厅也配备相应面积的厨房空间，其面积大小为宴会厅面积的30%，厨房与宴会厅紧密相连，服务便利，厨房到餐饮空间的最长距离不超过40m，在宴会厅中还常常用餐廊替代备餐间，避免送餐交通流线干扰宾客交通流线，对宾客造成视觉、安全和心理上的影响。

2.2.2　宴会厅的交通流线设计

宴会厅主要是用作宴会、会议、婚礼、庆典和展示等，交通流线设计要方便宾客，设计送餐通道和宾客就餐入席通道。宴会厅里面的厨房、储存室和服务动线等要单独设计，不影响顾客就餐和入座。客人在就餐时视线不能直接看到后勤区域，因此通往服务区的大门方向作转折、遮挡或者错位，进行障景设计，如图2-2-4所示。

图2-2-4　成都世纪城洲际酒店宴会厅

由于宴会厅设置了舞台，因此客人的出入口也不宜靠近舞台的位置，避免过多的出入和进出会干扰了舞台或者说主席台的活动。与此同时，因为是公共场所，大门的大小不小于1.4m，门开的方向向着疏散方向开启，同时要多设置几个安全疏散门，如图2-2-5所示。

图2-2-5　三亚悦榕庄宴会厅

2.2.3　宴会厅的音像设备设计与安排

大厅或者宴会厅是因举办招待、宴会、舞会、茶话会等活动而设计的场所，因此需要考虑相关的音像设备的设计和安排。由于场地范围较大，因此扩声系统和视频系统比较重要，需要通过悬挂液晶屏幕设备或者通过吊顶进行相关的设计和设置。因为举办舞会及表演活动有增加音响效果的需要，而安装4个全频音响组成的扬声器便可完成此项功能。

贵宾接待厅是接待贵宾的场所，因此设计的时候还需要考虑视觉美观的需要，表示尊重和敬仰。因此技术指标等方面还需要达到接待贵宾接见厅混响音质的设备要求，即500Hz/0.7S，而且主扩音系统必须配备全频工程音响组。

会议厅是开会的场所，可能设计有专门的会议厅，但多数情况下，会议厅则是由宴会厅临时改装的，表现为灵活多样的特点，因此音像系统以扩声为主。它们的设计安装通常在吊顶内，形成一个全频工程系列的扬声器系统组，达到一切基本的和简单的功能的需求，如播放背景音乐等。

2.2.4　宴会厅的垂直交通系统

宴会厅除了平面的交通系统之外，还有一个垂直的交通系统。为了满足大量人流的需要，提供电梯不仅是疏散人流、方便交通的需要，而且还是档次、热情与品位的彰显。达到疏散功能，电梯的位置坐落靠近大厅入口时作用更加明显。电梯附近最好设置辅助的步行楼梯备用，以防停电或者作为紧急与消防的通道。

2.2.5 宴会厅的灯光照明系统

宴会厅灯光需要优先考虑采用调光系统的产品，宴会厅的前厅应该设置壁挂式的电视的弱电接口、强电插座口；如果存在大型的宴会厅，则要设置移动式的隔板分离分隔，这就要求宴会厅墙上的插座应在各个分隔区内均匀分布。宴会厅除了宴会功能外，本身是多功能的，还需要为作为舞台提供电源插座或者临时电源的接口2路，如100A的电源作为临时的舞台之需。

2.3 中式餐厅室内设计

本节引言：

中式餐饮空间是我国重要的餐饮设计，需要重点理解其风格特征、平面布局、家具、照明特点、陈设字画图案的特点。

这些特点包括：中式风格餐饮空间对应的平面布局特点、家具特点，这些对于充分把握空间设计的特点，设计好中式餐饮空间有重要作用。

2.3.1 平面布局与空间特色

在我国，中式餐厅是宾馆饭店和老字号特色饭店的主要餐饮场所，使用频率较高。中式餐厅以品尝中国菜肴、领略中华文化和民俗为目的，故在环境的整体风格上应追求中华文化的精髓。与此同时，中国东西南北幅员辽阔，民族众多，地域和民俗的差异很大。充分发挥这些特色，使就餐者在就餐过程中感受中华文化的博大精深，领略各地的民风民俗。因此，中式餐厅的装饰风格、室内特色，以及家具与餐具，灯饰与工艺品，甚至服务员工的服装等都应围绕"文化"与"民俗"展开设计创意与构思，如图2-3-1所示。

图2-3-1 瑶池粤菜中餐厅

　　中式餐厅总体布局，一般将入口、前室作为第一空间序列，将大厅、包房雅间作为第二空间序列，把卫生间、厨房及库房作为最后一组空间序列，使其流线清晰，功能上划分明确，减少相互之间的干扰。餐饮空间分隔及桌椅组合形式应多样化，以满足不同顾客的要求；同时，空间分隔应有利于保持不同餐区、餐位之间的私密性不受干扰。餐厅空间应与厨房相连，且应该遮挡视线，厨房及配餐室的声音和照明不能泄露到客人的坐席处。

　　餐厅客席的平面布局根据立意可有各种各样的布置方式，但应遵循一定的规律，有两点是必须注意的，即秩序感与边界依托感。前者从秩序条理性出发，后者是考虑人的行为心理需求。此外，还要考虑主体顾客的组成及布局的灵活性等。

　　秩序是客席平面布局的一个重要因素。理性的、有规律的平面布局，能产生井然的秩序美。规律越是单纯，表现在整体平面上的条理就越严整；反之，要是比较复杂，表现在整体平面形式上的效果则比较活泼，富有变化。换句话说，简单的客席平面布局整体感强，但易流于单调和乏味。复杂的客席平面布局富于变化和趣味，但弄不好会零乱、无序。因此，设计时，要适度把握秩序感，使平面布局既有整体感，又有趣味和变化。

　　中式餐厅的平面布局可以分为两种类型：以宫廷、皇家建筑空间为代表的对称式布局和以中国江南园林为代表的自由与规整相结合的布局，如图2-3-2所示。

图2-3-2　中餐厅布局可分为江南园林式和宫廷式

　　宫廷式布局采用严谨的左右对称方式，在轴线的一端常设主宾席和礼仪台。这种布局方式显得隆重热烈，适合于举行各种盛大喜庆宴席。这种布局空间开敞，场面宏大，与这种布局方式相关联的装饰风格与细部常采用或简或繁的宫廷作法。

　　园林式布局采用中国园林的自由组合的特点，将室内的某一部分结合休息区处理成小桥流水，而其余各部分结合园林的漏窗与隔扇，将靠窗或靠墙的部分进行较为通透的二次分隔，划分出主要就餐区与若干次要就餐区，以保证与某些就餐区之间一定的紧密性。为了满足部分顾客的需要，这些就餐区的划分还可以通过地面的升起和顶棚的局部下沉来达到。这种园林式的空间给人以室内空间户外化的感觉，仿佛置身于花园之中，令人心情舒畅，食欲大增。装饰风格与细部常采用与中国园林相关的符号与做法。

2.3.2　家具的形式与风格

　　家具的形式与风格在中式餐厅的室内设计中占据重要的地位。中式餐厅的家具一般选取中国传统的家具形式，尤以明清家具的形式居多，明式家具更为简洁，清式家具较为繁缛。除了直接运用传统家具的形式以外，也可以将传统家具进行简化、提炼，保留其神韵，这种经过简化和改良的现代中式家具，在大空间的中式餐厅中得到了广泛应用，正宗的明清式样家具则更多地应用于小型雅间当中，如图2-3-3所示。

图2-3-3　传统中式家具

　　家具在餐饮空间中由于其面广量大，常常成为重要的视觉要素，因此在室内设计的初级阶段就应对家具的造型或设计进行充分的考虑。一般而言，家具的形式和色彩基本决定了餐厅装修设计的基调，而现代中式家具时尚却不失中式的韵味，如图2-3-4所示。

图2-3-4　现代中式家具

2.3.3 照明与灯具

中式餐厅的照明设计应在保证环境照明的同时，更加强调不同就餐区域进行局部重点照明。进行重点照明的方法有两种。

1) 采用与环境照明相同的灯具组合，局部密集，重点照明

采用与环境照明相同的灯具(常常为点光源)进行组合，形成局部密集，从而产生重点照明。这种方法常常应用于空间层高偏低或较为现代的中式餐厅，如图2-3-5所示。

2) 采用中式宫灯进行重点照明

这种方法常结合顶棚造型，将灯具组合到造型中，这种方法应用于较高的空间，以及较为地道的中式餐厅。传统中式宫灯应根据空间的高低来确定选用竖向还是横向的灯具，需要注意，宫灯在大餐厅中的数量要恰当，不宜过多，否则，会造成零乱之感，如图2-3-6所示。

任何一种灯具的选择都应充分注意到其显色性。显色性不好，会影响到食物的色彩，造成变色，从而影响顾客的食欲。一般说来，白炽灯的显色性适合于餐厅，也可以在以白炽灯为主的基础上，在一些走道部分运用少量节能灯与白炽灯相间隔，达到显色性和节能性。餐厅中切忌用彩色光源。

图2-3-5　正确处理明与暗、光与影、实与虚等关系，调动用餐者审美心理

图2-3-6 "正中人和"的传统手法

2.4 西式餐厅室内设计

本节引言:

西餐是东方国家和地区对西方菜点的统称,事实上西餐这个词是由其地理位置所决定的。通常所说的西餐不仅指习惯上所说的欧洲国家和地区的餐饮,还包括北美洲、南美洲、大洋洲等广大区域。因此西餐也代表了一种与东方饮食不同的餐饮文化。

西式餐饮空间是我国常见的餐饮空间设计,需要重点理解西式餐饮空间对应的风格、家具、空间布局等特点和把握整体氛围,有利于有效进行西式餐饮空间的设计。

2.4.1 风格特征

西餐厅是指以品尝西餐,体会异国情调的餐厅。在我国常见的西餐厅有法式西餐厅、意大利餐厅等。但也有很多餐厅并没有明确代表哪个国家的风格,主要体现的是一种用餐方式和餐饮文化,如图2-4-1所示。

图2-4-1 曼谷圣瑞吉酒店西餐厅

　　餐厅在欧美既是餐饮的场所，更是社交的空间。因此，淡雅的色彩、柔和的光线、洁白的桌布、华贵的线脚、精致的餐具加上宁静的氛围、高雅的举止等共同构成西式餐厅的特色，如图2-4-2所示。

图2-4-2　具有欧洲的感官，同时烘托高雅的文化氛围和宁静的就餐环境

2.4.2　平面布局与空间特色

　　西式餐厅的平面布局常采用较为规整的方式。酒吧和柜台是西式餐厅的主要景点和特色之处，也是每一个餐厅必备的设施，更是西方人生活方式的体现，如图2-4-3所示。除此之外，一台造型优美的三脚钢琴也是西式餐厅平面布置中需要考虑的因素。在较为小型的西式餐厅中，钢琴经常被置于角落，这样可以节约空间，不占有效面积；而在较大的餐厅中，钢琴常被设计安排成视觉的中心，为了突出这种感觉，钢琴的地面被抬升，甚至用屋顶架构等空间形式进行限定。钢琴不仅能够丰富空间效果，而且也是西式餐厅的优雅体现。

图2-4-3　Hotel　Viura西餐厅

图2-4-3　Hotel　Viura西餐厅（续）

　　西式餐厅一般空间较高，通常在室内采用大型的绿化作为空间的装饰和点缀，有的使用一把把大伞罩在几个餐桌上，具有限定空间的作用。西餐中的冷点也是重要的组成部分，冷点的餐台也是西餐厅中重点考虑的因素，原则上设置为较为居中的地方，便于餐厅的各个部分方便取食，也有不设冷餐台的，利用服务人员端送服务。

　　西餐厅在就餐时特别强调就餐单元的私密性，这一点在平面布局时应充分体现。创造私密性的方法表现为几种形式：①抬高地面和下沉空间顶棚，这种方式创造私密程度比较弱，但也很容易感受到所限定的空间范围；②利用沙发座的后背形成明显的就餐单元，这种"U"形布置的沙发座，常与靠背座椅相结合，是西餐厅特有的布置方式，又称卡座；③利用隔断形成私密空间，如利用刻花玻璃和绿化槽形成隔断，这种形式的私密性高低要视玻璃磨砂的可视程度和高低程度来决定。一般距地面在1200~1500mm之间；④利用光线的明暗程度创造就餐环境的私密性。有时为了营造某种特殊氛围，使用烛光照明点缀，产生向心感，营造私密的氛围。

2.4.3　家具的形式与风格

　　家具对西式餐厅的风格塑造和氛围营造有着重大影响。西式餐厅的家具一般选取欧式家具造型。欧式家具可分为欧式古典家具、新古典主义家具、欧式田园和简欧家具。欧式古典家具追求华丽、高雅，设计风格直接受到欧式古典建筑、文学、绘画艺术的影响。所谓欧式，是一个泛称，包括了巴洛克、洛可可、哥特式等多种风格。欧式古典家具现在主要指巴洛克式家具和洛可可式家具，后期又出现了比较简洁的新古典家具。欧式田园家具更强调欧洲整体独特的文化内涵，将传统手工艺和现代技术结合，注重细节，所产生的纹理图案稳重而细腻。简欧家具与欧式古典家具一脉相承，与新古典主义家具有异曲同工之妙，摒弃了古典家具的繁复，更注重追求家具的舒适度与实用性。

西式餐厅常见家具有酒吧、柜台、餐桌椅及沙发。西式餐厅中餐桌常见有2人、4人、6人或8人的方形或矩形台面(一般不用圆形)。餐椅和沙发是整个餐厅中的主要视觉要素,餐椅靠背和坐垫常常采用与沙发相同的面料。考究的家具选择有利于营造用餐的氛围。

2.5 日式主题餐厅设计

本节引言:

日本料理的特点是以少加工,口味以清淡鲜美为主。按照日本人的观念,新鲜的东西营养最丰富、体内所蕴含的生命力最旺盛,因此任何生物的最佳食用期就是它的新鲜期。日式主题餐厅既要在经营项目上追求日式料理的原汁原味,平面布局和空间装饰风格应讲求运用"意境"古典美学,满足"言有尽而意无穷"的主体审美需求。

设计之前,了解和掌握日式风格、家具、尺寸、材料和陈设、器皿等特点,是整体地把握和式风格餐饮空间的重要前提。

2.5.1 风格特征

日本料理即"和食",以清淡著称,烹饪时注重保持材料本身原味。和食要求色自然、味鲜美、形多样、器精良。而且,材料和调理法重视季节感。日式餐厅也称为和风餐厅,专门经营"日式料理"。日式餐厅风格受中式风影响但也有着自己的特点,往往造型简洁明快,追求朴素、安静、舒适的空间氛围,强调自然色彩的沉静和造型线条的简洁。如图2-5-1所示。

图2-5-1 四季怀石料理

日式传统室内空间有以下几个特点：室内大量使用天然材料，如天花板、隔断多为竹、木质材料；采用障子来分割空间，方便开闭，通透效果好；整体室内环境色彩素洁、淡雅，陈设简约质朴；着重表现室内饰材的质感与色泽的自然美，讲究构造美；家具造型简洁，带有东方传统家具的神韵，如图2-5-2所示。

图2-5-2　日式主题餐厅

2.5.2　平面布局与空间特色

日式设计风格直接受日本和式建筑影响，讲究空间的流动与分隔，流动则为一室，分隔则分几个功能空间，空间中总能让人静静地思考，禅意无穷，如图2-5-3所示。

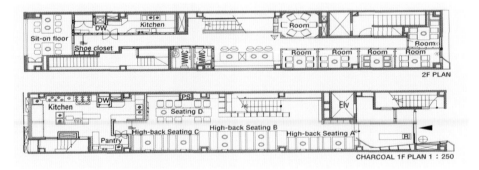

图2-5-3　近江和牛正传(东京)

日式餐厅室内设计秉承了日式建筑对于自然质感的追求，深棕色系的基调以及传统的木质台阁，都渲染出了浓郁的日式风情。为了创造开敞流通的内部空间，日式室内设计中常见隔断形式有：障子门——透明推拉门；福司马门——彩绘推拉门；屏风——临时性隔断等方式。

日本对推拉格子门扇的应用时间久远。特别是在封建社会中期，武士阶层不断扩大，他们的住宅出于防卫的需要，平面空间布局极其复杂，空间隔断可以随时变化，进入内部往往感觉像是走进"迷宫"。所以，轻质灵活、容易装卸的推拉格子门扇就很受武士阶层青睐，应用普遍，最后形成日式空间的重要特色之一。在日式餐厅中的雅间内，常用它来灵活变换空间的大小，以满足不同数量的宾客的用餐需要，如图2-5-4所示。

图2-5-4　日式屏风和福司马门

日式餐厅座位设计常见有柜台席、坐席和式席(榻榻米席)三种。柜台席多与吧台、开敞式厨房结合，既节省了送餐路线，也使得顾客感觉与店家更加亲切、融洽，主要满足零散客人的使用需要。

和式坐席即榻榻米席，榻榻米是一种用草编织有一定厚度的垫子，标准尺寸为90cm×180cm。在历史发展的过程中榻榻米逐渐成为日式空间的一个重要特征。在日式餐厅中铺设不同和隔断位置不同，榻榻米的称谓也有所不同，可分为条列式榻榻米的坐席、榻榻米雅间、榻榻米"广间"和下沉式榻榻米席，如图2-5-5所示。

图2-5-5　榻榻米

在日式主题餐厅中，为了方便接待更多客人，常设有各式回转设备，在分割空间的同时，也提高了餐厅的工作效率。由于日本料理少油烟的特点，日式餐厅的厨房多为开放式厨房，顾客享用美食的同时，还可以欣赏大师傅精湛的厨艺。

2.5.3 家具的形式与风格

日本传统家具厚重、简朴、精致，其风格与我国唐朝风格家具有异曲同工之妙，这一风格也渗透在家具制作的点滴之中。日本传统家具没有过多的繁华和雕刻，不施浓妆重彩，而是简洁、明快、严谨，可以说它早就兼具了当今流行的简约形式。

由于日本人的生活方式一直保持席地而坐的习惯，因此日本传统家具常见为低矮家具。在日式餐厅设计中，一般在大厅使用高脚餐桌、餐椅，雅间多为低矮的日式传统家具，如图2-5-6所示。

图2-5-6　日式餐厅

概括来说，日本传统家具造型简洁，以直线形为主，材料偏好自然、精致、典雅，款式宽大低矮；造型端庄多姿、秀丽清新；采用不对称设计。常见日本传统家具有：榻榻米、暖炉台、古董架、茶桌、和式桌、和式椅以及花台等。

2.6　风味餐厅室内设计

本节引言：

　　风味餐厅通常指以鲜明的主题、地域、宗教、历史、风土人情等为特征的餐厅，其菜单设计、服务方式及进餐氛围也以此为依据，在消费者心目中树立了一种独特的形象。风味餐厅有独特的餐饮概念，有别具一格的装饰布置，使顾客在就餐的同时能够体会某种文化氛围。

　　把握风味餐饮空间设计，明确不同风味对应的家具、材料、造型和陈设品、餐饮器皿、餐饮方法和特点，有利于对不同风味餐饮空间的合理设计。

2.6.1　风格特征

　　风味餐厅设计中文化的参与是必不可少的。从人的社会文化属性来看，人们希望在一个与自己情感特征相吻合的环境中就餐。从人的情感需求来看，人们习惯于用生活经验来感受相应的气氛，而场所感的形成就是以此为心理依据的。在风味餐厅营造的环境里，塑造消费者希望感受到的环境，才能获得消费者的认同。这种认同包括了一种记忆、怀旧的情感或对新环境的体验，如图2-6-1所示。

图2-6-1　香叶栈越南风味餐厅

风味餐厅应为消费者提供良好的用餐和交往环境，不同的风味餐厅应该有不同的室内环境主题和风格。在确定主题和风格之后，对空间、照明、家具、陈设等方面应做出相应的处理，以进一步突出、深化主题，如东北人烤肉餐厅，整个设计贯穿了东北人豪迈的情怀，在餐厅吃东北菜，讲东北的风土人情，谈东北的冰山雪地。又如，外婆桥风味餐厅，运用了外婆具有亲和力的情感元素，使人在感受文化的亲近、乡情的永恒，享用巴渝美味佳肴的同时，也体会到宾至如归的人文关怀。此外，还有以知青为主题的餐厅，采用了斗笠、玉米棒、粗木桌椅、水井等元素，为了营造气氛，服务员的服装以及菜单名也会融入其中，如图2-6-2所示。这些视觉符号都有一定的文化内涵，都体现在一定的情感结构中，都很明显地印上了那个时代的标记，它们都围绕一个特定的场所有机地组合在一起，在这里就如同一本旧相册，记录着不同人的经历，这不仅在形式上使人产生视觉联想，更为重要的是它能唤起人们的思索、记忆，进而产生移情，达到情感的共鸣。同时，设计者也通过展示一些日常的生活形态，去帮助人们理解那个时代的方式、愿望、态度、失望以及情感。

图2-6-2　厦门老知青饭店

2.6.2　平面布局与空间

风味餐厅在空间布局和家具陈设上都应洋溢着与风味特色相协调的文化内涵。风味餐厅在功能布局上与一般餐厅差别不大，如图2-6-3所示。

但也有比较特殊的类型，如烧烤店和火锅店。烧烤店和火锅店端送运输量较大，厨房与餐厅连接部分最好开两个运输口，尽可能便捷、等距离地向客席提供服务。餐厅中的走道要相对宽些，主通道最少在1000mm以上。一些店采用自助形式，自助台周边要留有充足的空间，客流动线与服务线路清晰明确，避免相互交叉。

图2-6-3 香叶栈越南风味餐厅平面图

2.6.3 家具的形式与风格

　　风味餐厅的家具选择应与餐厅主题相协调。比较特殊的烧烤店和火锅店主要向顾客提供生菜、生肉，装盘时体积大，因而多使用大盘，加上各种调料小碟及小菜，总的用盘量较大。此外桌子中央有炉具(直径300mm左右)，占一定面积，因此烧烤、涮锅选用的桌子尺寸较一般餐桌大些。

　　烧烤店、火锅店用的餐桌多为4人或6人桌，因受排烟管道等限制，桌子多数是固定的，不能进行拼接，所以设计时必须提前考虑桌子的分布和大桌、小桌的设置比例。火锅及烧烤用的餐桌桌面材料要耐热、耐燃，特别要易于清扫，一般不使用桌布，如图2-6-4所示。

图2-6-4　百年老妈火锅店

2.7　自助餐厅室内设计

本节引言：

　　自助餐厅因其形式自由、随意、灵活，而受到了消费者的喜爱。自助餐大致可以分为两种形式，一种是客人到一种固定设置的食品台选取食品，而后依所取种类和数量付账；另一种是支付固定金额后可任意选取。

　　两种方式都可以比一般餐厅减少服务人员的数量，从而降低餐厅的用工成本。同时，对于消费者来说由于可以根据自己的意愿各取所需，因而受到消费者的欢迎。自助餐厅经营通常是中餐、西餐结合，中餐为主，西餐为辅，而中餐往往突出地方菜或者某种特色菜的风格。近年来不少经营火锅、烧烤、比萨的餐厅也采取了自助的形式。目前，有不少学校和机关的食堂也开始采取了由就餐者自选，然后按所选结算的自助方式。

　　设计者需要把握和了解自助餐厅的功能分析、平面布局、自助取食方式，以及家具、材料和陈设布局特点，更好地为自助餐饮空间设计服务。

2.7.1　设计风格与细节

　　自助餐厅风格设计可将其设计成为一种个性鲜明的主题餐厅，或有机地结合多元要素与设计语言，具有鲜明的时代性。

　　自助餐厅的风格由诸多的细节组成，如以家具或艺术半隔断作为动线分隔界面，还可以利用地面、天花板、墙面、灯光等要素的不同色彩，营造出丰富的实体空间或虚拟空间，清晰地引导各类动线，使整体空间成为更人性化的就餐和工作环境，如图2-7-1所示。

图2-7-1　互动多变化的特性，加上材质、色彩的设计运用，以塑造创新而具艺术性的用餐空间

2.7.2　平面布局与空间

　　自助餐厅在平面布局上应充分考虑其功能要求。在由顾客自行选取，按所取种类和数量结账方式的餐厅，应在顾客选取路线的终点处设置结算台，顾客在此结算付款后将食品拿到座位食用。这种餐厅一般还在靠近出口处设置餐具回收台，顾客就餐后将餐具送到回收台。

　　在采取顾客交纳固定费用而随意吃喝方式的餐厅，要注意餐台的设计应能使顾客可以从所需的食物点切入开始选取，而不必按固定的顺序排队等候。比起传统的一字形餐台，改良的自由流动型和锯齿型餐台更容易实现这一功能要求。另外，由于在这种形式的餐厅中顾客需要经常起身走动去盛取食物，餐桌与餐桌之间、餐桌与餐台之间必须留出足够的通道，以避免顾客之间出现拥挤和碰撞。

　　两种方式的餐厅在设计上都必须对顾客的流线有周密的考虑，避免顾客往返流线的交叉和相互干扰。自助餐厅多采用大餐厅、大空间的形式，根据具体情况也可在其中作适当的分隔。餐厅的装修应简洁明快，力求使人感觉宽敞、明亮，切忌给人以拥挤的感觉。合理的布局决定于功能上的要求，同类的空间必须相对集中，在服务空间中，自助餐台的位置需要兼顾就餐空间和厨房，布局最关键的两大要求：一是靠近厨房出菜口，以方便成品菜肴供应和补充，同时提供最短最便捷的服务路线，最低限度减少服务流线与宾客流线的交叉与重合；二是要方便宾客自助选餐，如图2-7-2所示。

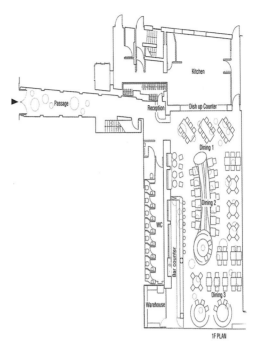

图2-7-2 各功能空间逻辑关系清晰、合理，具有引导性

2.7.3 家具及工艺品的选择

自助餐厅的家具，要求在使用时，能够灵活机动，随意组合，以适应不同的就餐状况。同时，家具的造型风格、色彩色调，都必须与空间的总体要求相协调。作为空间有机组成要素之一，家具与宾客的接触最为密切。在选择符合人体工程学的家具时，也要考虑家具的质感与空间环境的搭配关系，对每一类家具的细节处理都要有相当高的要求。

自助餐厅艺术品的选用主要目的是营造空间整体氛围，其性质是整体空间的组成元素之一，不宜过于跳跃，喧宾夺主。工艺品选用应注意其主题与空间主题搭配，甚至承延空间的故事性。作为大众化的公共空间，艺术品从内容到形式，都应该尽量避免选用过于先锋甚至讽刺意味强烈的当代艺术品，引人深思的艺术品有思想引导性，易产生歧义，在一定程度上会影响甚至破坏食欲。要特别注意的是，艺术品一般不是独立于空间的设计要素，在特定的空间中，艺术品必须融入整体设计，尤其要兼顾与其他材质的对比和协调关系及空间的整体色彩关系。

2.8 快餐厅室内设计

本节引言：

随着社会经济发展和人民生活程度的不断增高，人们的餐饮消费观念逐步改变，外出就餐更趋经常化和理性化，选择性增强，对消费质量要求不断增高，更加追求品牌质量、品位特色、卫生安全、营养健康和简便快捷。快餐店的社会需求随之不断扩大，市场消费大众性和基本需求性特点表现得更加充分。

现代快餐店的操作标准化、配送工厂化、连锁规模化和管理科学化的理念，经过从探讨到实践的深化进程，目前已广为接受和认同，并从快餐业扩展到餐饮业，成为我国餐饮现代化的首要发展目标与方向。快餐作为我国餐饮行业的生力军和现代餐饮的先锋军，成为了现代餐饮发展的首要代表力量，对全行业的推动与带动作用不断突出，为社会和行业发展做出了积极的贡献。掌握和了解我国快餐厅现状，重点理解快餐厅平面布局及色彩运用，有利于合理设计快餐厅。

2.8.1　我国快餐厅现状

快餐厅起源于20世纪20年代的美国，是提供快速餐饮服务的餐厅。相比于传统餐厅，可以认为快餐厅是把工业化概念引进餐饮业的结果，因为快餐厅是采用机械化、标准化、少品种、大批量的方式来生产食品的。由于快餐业适应了现代生活快节奏、注重卫生和一定的营养要求，自出现以来发展十分迅速，如图2-8-1所示。

我国的快餐业是在改革开放之后从无到有发展起来的。最早的快餐来自美国，如肯德基、麦当劳等。国外快餐品牌在垄断了中国快餐业市场几十年以后，以中式餐饮为主的中式快餐业诞生了，如"真功夫"快餐店，快餐厅的经营形式也已被大众接受。

快餐厅的规模一般不大，菜肴品种较为简单，多为大众菜品，并且多以标准分量的形式提供。快餐厅的室内环境设计应以简洁明快、轻松活泼为宜。应注意区分出动区与静区，在顾客自助式服务区避免出现通行不畅、互相碰撞的现象。快餐厅的照明可以多种多样，建筑化照明的各种照明灯具，装饰照明及广告照明等都可运用。但在设计时要考虑与环境及顾客心理相协调。一般快餐厅照明应采用简练而现代化的形式。色彩一般选用鲜明亮丽的颜色，如图2-8-2所示。

图2-8-1　WakuWaku Hamburg, Germany

图2-8-2　Nat Fine Bio Food Restaurant，富于变化的造型增加了空间的活力

2.8.2　平面布局与空间特色

快餐厅设计的总体布局是通过交通空间、使用空间、工作空间等要素组织所共同创造的一个整体。作为一个整体，快餐厅设计的空间首先满足消费者快速用餐这一基本要求，同时快餐厅设计还要追求更高的审美和艺术价值。

快餐厅的室内空间要求宽敞明亮，这样既有利于顾客和服务人员的穿梭往来，也能给顾客以舒畅开朗的感受。色调应力求明快亮丽，店徽、标牌、食品示意灯箱以及服务员服装、室内陈设等都应是系列化设计，着重突出本店的特色。

由于快餐厅一般采用顾客自我服务方式，在餐厅的动线设计上要注意动静分区，按照在柜台购买食品一端到座位就餐——将垃圾倒入垃圾筒——将托盘放到回收处的顺序合理设计动线，避免出现通行不畅、相互碰撞的现象。如果餐厅采取由服务人员收托盘、倒垃圾的方式，应在动线设计上与完全由顾客自我服务方式的有所不同。

快餐厅空间布置是否合理直接影响快餐厅的服务效率。一般情况下，可将大部分桌椅靠墙排列，其余则以岛式配置于室内空间的中央，这种方式最能有效地利用空间。靠墙的座位通常是4人对座或2人对座，也有少量6人对座的座位。岛式的座位多至10人，少至4人，适于人数较多的家庭或集体用餐时使用，如图2-8-3所示。

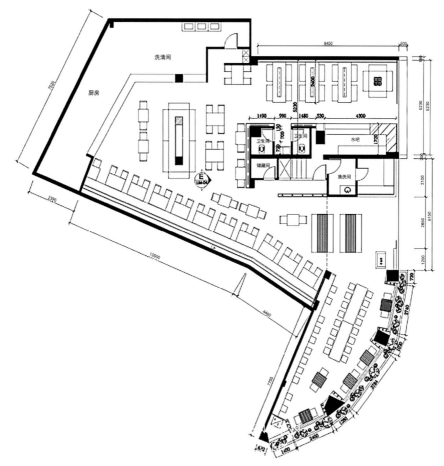

图2-8-3　乐嘉快餐厅平面布置图

2.8.3　色彩运用与搭配

　　光和色不能分离，这一点至关重要。在快餐厅的造型语言中光与颜色占据了重要地位，是快餐厅视觉语言的重要构成元素。就把室内环境很需要色彩系统的整体性。色彩既然与室内环境的其他因素相依附，那么对色彩的处理就要依据建筑的性格、室内的功能、停留时间长短等因素，进行协调或对比，使之趋于统一。

　　快餐厅的色彩设计与其他餐厅不同，为了缩短用餐时间，打造快节奏、高效率的色彩氛围，多采用明亮的色彩和提高光照的方式来营造空间氛围。快餐厅色彩设计时宜使用红、橙、黄等暖色系。暖色可以使人心情愉悦、兴奋、增进食欲，同时，也会使人的感觉时间比实际时间漫长，从而缩短在快餐厅内的停留时间。需要注意的是冷色调的亮度越高，色彩越偏暖；而暖色调的亮度越高则色彩越偏冷。在我国很多快餐厅室内多以橘黄色或红色为主，这两种颜色尤为符合快餐厅促进食欲和短促时间的色彩需求。

　　快餐厅家具的色彩配置，影响着人们的就餐心理。总的来说，快餐厅家具色彩宜以明朗轻快的色调为主。整体色彩搭配时，可利用灯光来调节室内色彩气氛，以达到利于饮食的目的。快餐家具颜色目前主要有两种形成方式，一种是材料本身固有的颜色，另外一种是人工涂色。如自然木色，它是环保的象征，具有木材天然的特性，能够很好地与任何风格快餐厅室内环境进行融合，不会让家具在整个空间里显得很突兀。木材固有色在灯光或自然光的照射下显现出淡黄色或白色，给人一种整洁干净的感觉。

为了体现工业感和现代感，快餐家具中常见金属作为支撑或连接材料，金属经过现代的电镀或其他技术手段，可以呈现出多种金属光泽，通过反射效果将金属自身的颜色与环境很好地结合，烘托出快餐厅的时代感。此外，玻璃和塑料在快餐家具中的运用也丰富了快餐家具色彩种类。

在对快餐家具色彩的把握上，可以在小部件或软装饰上使用明度较高的颜色，但要注意不宜太多，以免产生过分凌乱的感觉，掩盖了材料所具有天然色彩感觉。对于吧椅、吧凳等家具，为了显示其轻松活泼的特点，可以采用明度比较高的颜色，如黄色或橙红色等。对于椅腿或桌腿等管状的支撑物，如果过多会破坏空间的整洁性，可以运用黑色或其他暗色弱化其对整个空间的不良影响，同时也可以增加支撑物的稳重感，如图2-8-4所示。

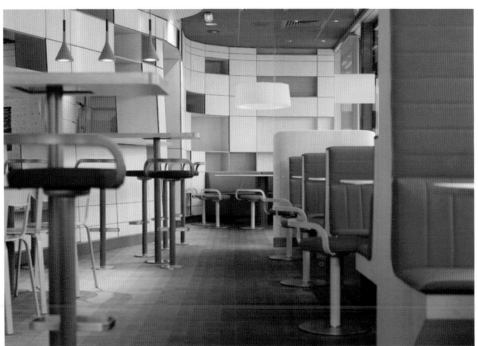

图2-8-4　Mcdonald，色彩清新素雅，在大面积单色基调上使用跳跃的色块，体现出明快、清醇的风格情调

2.9 茶艺馆的室内设计

本节引言：

茶楼是中国独有的传统文化形态，发展到了现代已经具有悠久的历史和文化。当代的茶楼除了具有娱乐、休闲、进行社交活动的功能外，也逐渐成为人们交流的重要场所。茶艺馆作为弘扬中国传统文化的场所，应具有中国文化的特色，因此茶艺馆的设计风格多以中式风格为主。

了解茶艺馆设计的空间文化氛围形成特点、风格及与之对应的平面布局、对应的家具和陈设等有利于把握设计，实现设计构思。

2.9.1 风格特征

茶艺馆的设计风格常见为中式风格，布局常见为园林式自然布局。在不同的地域茶艺馆的设计应反映当地的特色文化，如江浙一带的吴越文化、川渝一带的巴蜀文化、两广的岭南文化、山东的齐鲁文化、宁夏甘肃的西夏文化等，如图2-9-1所示。

图2-9-1 茶艺馆设计

常见的茶艺馆风格有：

(1) 仿古式。仿古式茶艺馆在装修、装饰、布局及人物服饰、语言、动作、茶艺表演等方面都应以传统为蓝本，在总体上展示古典文化的面貌。

(2) 室内庭院式。室内庭院式茶艺馆以江南园林建筑为蓝本，结合茶艺及品茗环境等要求设有亭台楼阁、曲径花丛、拱门回廊、小桥流水等。

（3）现代式。现代式茶馆的风格比较多样化，往往根据经营者的志趣、爱好并结合房屋的结构依势而建，各具特色。

（4）民俗式。民俗式茶馆强调民俗、乡土特色，以特定民族的风俗习惯、茶叶、茶具、茶艺或乡村田园风格为主线，形成相应的特点。

（5）戏曲茶艺馆。戏曲茶艺馆是一种以品茗为引子，以戏曲欣赏或自娱自乐为主体的文化娱乐场所。

2.9.2 平面布局与设计细节

茶艺馆平面布局可借鉴中国传统民居建筑的布局和造园手法，而空间设计要与其总体设计风格相匹配。在空间布置上可通过虚的手法遮挡视线，似隔非隔，隔中有透，实中有虚。例如利用漏窗、隔扇、屏风、纱幔、珠帘等形成隔而不断的视觉效果；也可利用通道的回绕曲折相通，分隔空间。茶室在空间组合和分隔上一般具有中国园林的特色，曲径通幽可以避免一目了然。这种园林式的布局给人以室内空间室外化的感觉，犹如置身于花园之中，使人心情舒畅，如图2-9-2、图2-9-3所示。

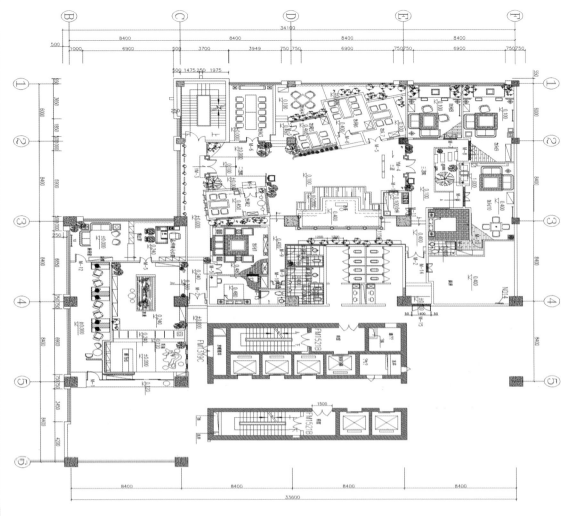

图2-9-2　春秋茶楼，三进院布局

图2-9-3　春秋茶楼，三进院景观

品茶室通常由大厅和小室构成，大厅可设表演台(图2-9-4)，根据房屋结构可设散座、厅座、卡座及房座(包厢)。

图2-9-4　春秋茶楼，大厅古筝表演台

散座区设在宽敞的空间，依据空间大小放置比例适宜的桌椅，每一桌有4～6张椅子。桌与桌之间的距离应合理，以方便顾客出入。如果茶馆的房屋并没有一个特别开阔的空间，是狭长或者曲折的地带，就要因地制宜设计散台的摆放。为了满足客人对私密性的要求可放置竹帘、纱幔或屏风，形成一个小的围隔。如果散座区域空间宽阔，除了放置桌椅，还可以考虑小而精致的景观布置。小桥流水，曲水流觞，大树游鱼，于方寸之间展示自然风光。

房座(包厢)区相对于散座区更为讲求整体风格。目前茶艺馆包厢常见有中式风格、休闲风格、日式风格和综合风格。中式传统风格可配置精雕细刻的古典家具、雕花门窗，古典丝绸甚至刺绣的靠垫、枕头，具有传统民族特色的烛台、灯笼，营造一种传统的饮茶氛围，如图2-9-5所示。休闲风格强调空间内休闲舒适，陈设则以柔软闲适为主。日式风格体现着一种古朴自然，简洁明快，体现着"茶禅一味"的精神内涵，推拉门、榻榻米应为典型的日本装修风格。

图2-9-5　春秋茶楼，包间内古典家具、雕花门窗

2.9.3　装饰陈设与格调

　　装饰是一种相对动态的设计，它可以即时变化，随时增减，不断调整，装饰会让茶楼的风雅气息扑面而来。装饰物则可分为摆件、挂件等，具体为：绿色植物、插花、雕刻品、雕塑品、金银器、古铜器、瓷器、陶器、玉器等收藏品，或者剪纸、泥人、脸谱、织绣等地方民俗品、工艺品，琴棋书画等都可以作为选择。比如一个自然风格的茶楼，为了营造田园气息，就可选用蓑衣、渔具、粗大的磨盘、南瓜、葫芦等作为饰品；而具有民族地域性的茶楼，就可以按当地风俗选择装饰及陈设。常见的装饰有江南情调的木雕花窗、蓝印花布，老北京风味的鸟笼、红灯笼，巴蜀特色的竹椅，少数民族的毛毡、竹篓，字画、传统图案壁纸等，都能让人兴趣盎然，如图2-9-6所示。

图2-9-6　茶馆装饰(一)

图2-9-6　茶馆装饰(二)

　　陈设的选择对茶馆氛围有着重要的影响，仿古式茶楼的庄重和优雅，园林式茶艺会所的清新自然，庭院式茶艺馆的幽静深邃，现代式茶会所的前卫多变，民俗式茶艺会馆的乡土气息，戏曲茶楼的轻松愉悦应由不同的陈设搭配布置而成。

　　茶艺馆的陈设布置主要有以下几种类型：

　　(1) 自然型。自然型陈设布置重在表现自然之美，装饰陈设则会选择生活中常见的事物，如蓑衣、斗笠等，家具则会选择竹、藤、木、草制品，让人有身临田野小舍、回归自然之感。

　　(2) 文化型。文化型陈设设置重在渲染文化艺术氛围，四壁可点缀名人书画作品，室内布置与陈设应有美感，切忌艺术堆积、纷繁凌乱。

　　(3) 民族、地域型。不同地域不同民族都有着各自的民族文化和饮茶风情。民族、地域型布置可选择富有代表性的陈设以营造空间氛围。

　　(4) 仿古型。仿古型陈设布置主要为了满足品茶者怀古之情。仿古型布置多模仿明清式样。品茶室中挂有相关的画轴和茶联，下摆长茶几，上置花瓶，再加上八仙桌、太师椅，凸显怀旧的气息和内敛的氛围，如图2-9-7所示。

图2-9-7 晓庐茶馆，明清古典家具及中式饰品衬托出浓浓的中式韵味

2.10 咖啡厅室内设计

本节引言：

咖啡是西方大众文化的日常饮品，咖啡厅是一种餐饮文化场所，也是一种思想、一种生活方式、一种社交模式。数百年来以一种最沉默、温柔，却最无从设防的方式，改变着人们的生活。咖啡厅室内设计多以浪漫温馨、舒适为主调。

咖啡厅空间源自于西欧，需要熟悉和了解相关的风格特征，及其对应的装饰色彩、家具、平面布局、色彩搭配等，有利于把握咖啡厅餐饮空间的设计。

2.10.1 风格特征

咖啡厅源于西方饮食文化，因此，设计形式上更多追求欧式风格，充分体现了古典、淳厚的性格。咖啡厅是一个注重环境和格调的场所，风格应该是温馨舒适的，常见有田园风格、古典风格、新古典主义风格、现代简约风格、后现代主义等，如图2-10-1所示。

图2-10-1 咖啡厅

现代咖啡厅越来越注重运用适应时代的设计新理念，突出咖啡厅经营的主题性和个性，满足客人在快节奏的社会中追求休闲舒适的心理需求。如 Fairwood Buddies Café 咖啡厅设计去除了传统繁琐复杂的设计手法，通过巧妙的几何造型、主体色彩的运用和富有层次及节奏感的"目的性照明"烘托，营造出简洁、明快、亮丽的装饰风格和舒适、典雅、快捷的空间环境，如图2-10-2所示。

图2-10-2 Fairwood Buddies Café 咖啡厅

2.10.2 平面布局与设计细节

对于咖啡厅设计中内部的设计和布局，通常会按照咖啡厅的面积大小及座位的需要予以适当的配置。在进行整体空间设计和布局的时候，要考虑到顾客的安全、便利，以及服务人员的操作效果，除此之外，还要注意全局与部分之间的和谐与匀称，体现出咖啡厅内独特的风格情调，如图2-10-3所示。

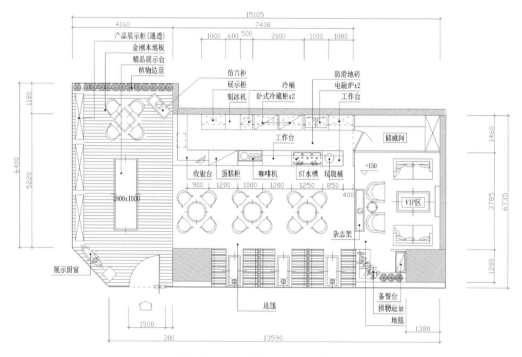

图2-10-3 某咖啡厅平面布置图

咖啡厅的平面布局可以归纳为以下几个方面：一是要保证流通的空间，例如通道、走廊、座位等空间；二是管理空间，例如服务台、办公区、休息室等空间；三是调理空间，如配餐间、主厨房、冷藏保管室等空间；另外就是公共空间以及洗手间等空间。

咖啡厅是提供咖啡、饮料、茶水，半公开的交际活动场所。咖啡厅平面布局比较简明，内部空间以通透为主，应留足够的服务通道。咖啡厅内须设热饮料准备间和洗涤间。常用直径55～60cm圆桌或边长60～70cm方桌，如图2-10-4所示。坐席的配置一般有单人座、2人座、4座、情人座等形式。

图2-10-4　常见咖啡厅桌椅形式

2.10.3 色彩运用与搭配

咖啡厅的色彩运用与搭配要与其市场定位相符，同时应考虑到所针对的消费阶层的年龄、喜好、消费能力等。这些性质决定了咖啡厅的色彩，而色彩则是营造空间氛围最直接的因素。咖啡厅配色一般以稳重的色彩作为主色调，特别是一些能使人感到温馨、放松的色彩，比如米黄色、淡褐色等色彩，如图2-10-5所示。

高纯度的色彩，容易让人感觉轻浮，常出现在一些追求个性的场合。红色系容易使人产生烦躁，是不适合大面积使用的颜色，如在空间局部适量运用，则可以调节氛围，塑造个性。

图2-10-5 Starbucks Coffee, Portland

2.11 酒吧室内设计

本节引言：

酒吧文化在中国开始于20世纪80年代，逐渐成为都市人群中休闲活动的新场所。酒吧发展到今天，可分为三大类：商业酒吧、音乐酒吧、校园酒吧。酒吧设计以其独到的见解来感染大众，它追求个性的发挥，崇尚独立的风格，以设计的手段来表达思维的活跃，用理性的技术来阐述感性的情绪。

重点理解酒吧设计原则、空间布局、家具陈设等特点和整体氛围的把握。

2.11.1 设计原则

酒吧设计追求设计者、使用者和社会评价三方面的融合，因此产生了一系列的设计原则。其中主要包括：具有市场针对性原则、满足文化活动的参与原则和特色鲜明原则。

1) 符合市场原则

具有明确市场针对性的酒吧才能以一定的投资限额实现最大的经济效益。酒吧作为人际交往的场所，设计的焦点之一就是环境与人际交往的层面，酒吧设计市场针对性原则表现为设计师应从消费者角度出发，基于空间、装饰传达一种信息。现代社会的消费者，在进行消费时往往带有许多感性的成分，容易受到环境氛围的影响，在酒吧这种成分尤为突出，所以，酒吧中环境的"场景化"、"情绪化"成为突出的重点，以达到与消费者产生情感上的共鸣。

2) 注重文化参与原则

酒吧文化由很多方面组成，如音乐、人、环境、品酒、氛围等，所以酒吧文化本身就是多种精神和文化的融合。在酒吧里人们不但能感受到各种各样的文化，而且他们也是各种文化的参与者。酒只是一种背景，文化才是主题，才是同人们心灵产生共鸣的事物。参与原则包括两方面：一是适应性。无论形式和内容都要让消费者乐意接受；二是多样性。在充实多样的文化娱乐活动中找到自己的快乐。

3) 具有鲜明特色原则

在酒吧设计中，要营造具有特色的、艺术性强的、个性化的空间。个性、风格是酒吧文化的核心，也是其最本质的东西。工业时代的酒吧装修和风格突出体现了颓废与华丽、个性与自由、张扬与艺术的特点。这是一种活动，撇开了一般意义上的价值标准，追寻着不同于流行价值的价值，如图2-11-1所示。

图2-11-1 视觉满足观众的审美要求同时影响观众的审美心理空间的变化

2.11.2 平面布局与空间

酒吧空间在设计上应层次分明，丰富而不烦琐，既有交流的开敞空间，又有尊重私密的围合角落，宜动宜静，音乐轻松浪漫，色彩浓郁深沉，灯光设计偏于幽暗。酒吧区域功能主要有门厅、大厅、包厢、后勤区、卫生间等，如图2-11-2所示。

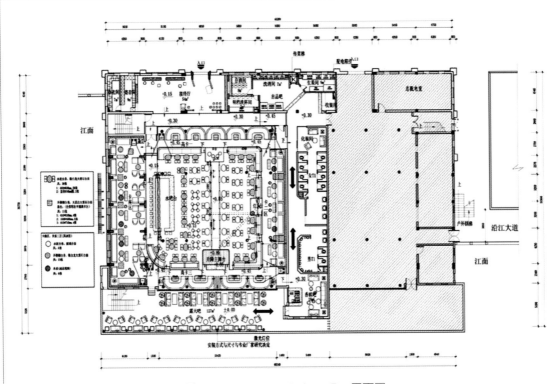

图2-11-2　True　Color　Bar平面图

　　酒吧门厅是接待客人的场所，一般都有交通、服务和储存3种功能，其布置既要产生温暖、热烈、深情的接待氛围，又要美观、朴素、高雅，不宜过于复杂。门厅是顾客产生第一印象的重要空间，而且是多功能的共享空间，也是形成格调的地方，顾客对酒吧气氛的感受及定位往往是从门厅开始的。

　　酒吧大厅一般划分为吧台区、卡座区舞台、散座区、卡座区、表演区、音响室等。吧台是酒吧向客人提供酒水及饮用服务的工作区域，是酒吧的核心部分。通常由前吧(吧台)、后吧(酒柜)以及中心吧(操作台)组成。吧台的大小、组成形状也因具体条件的不同而有所不同，如图2-11-3所示。

图2-11-3　Boujis，Hongkong

散座区是客人的休息消费区，也是客人聊天、交谈的主要场所。因酒吧的不同，座位区布置也各不相同，如有卡座式，也有圆桌围坐式。卡座区，是供友人或团体聚会的场所。

表演区一般包括舞池和舞台两部分。舞池是客人活动的中心，根据酒吧功能的不同舞池的面积也不相等。通常还附设有舞台，供演奏或演唱人员专用。舞台的设置以客人能看到舞台上的节目表演为佳，避免前座客人遮住后座客人的视线，并与灯光、音响相协调。

音响室是酒吧灯光音响的控制中心，用以酒吧音量调节和灯光控制，以满足客人听觉上的需要。音控室一般设在舞池区，也有根据酒吧空间条件设在吧台附近。

后勤区主要是厨房、员工服务柜台、收银台、办公室，强调动线流畅，方便实用。酒吧的厨房设计与一般餐厅的厨房设计有所不同，通常的酒吧以提供酒类饮料为主，简单的点心熟食，因此厨房的面积占10%即可。也有一些小酒吧，不单独设立厨房。

酒吧卫生间设计与酒吧的主体风格要一致，通过卫生间表现出酒吧个性，卫生间可以成为酒吧的一个设计亮点。如果酒吧开在商场里或者是酒店大堂里，一般是没有卫生间的。按规范来讲，酒吧卫生间是根据座椅来设计卫生间的容量的，在设计时应符合有关条例。

2.11.3　家具形式与陈设

家具在酒吧的室内装饰陈设中，对于顾客来说，是其在消费活动中最为接近、与消费活动关系性最强的一种实用陈设物。酒吧中的家具造型、大小首先应满足酒吧的特定功能；其次要使顾客感到舒适。酒吧中的家具要做到少而精，注意其数量、质量和大小规格。另外，酒吧家具要便于移动且坚固、耐用、耐磨。色彩不宜太鲜艳，太鲜艳的家具会使酒后已经兴奋的客人产生眩晕感，甚至狂躁不安。

吧台是酒吧空间个性的重要展示区域，如图2-11-4所示。吧台材料可选大理石、花岗岩、木质、不锈钢、钛金等，不同材料的吧台可以形成风格各异的风貌。吧台的形状因空间的性质而定，视建筑的性格而定，从造型看有一字形、半圆形、方形等。与吧台配套的椅子大多是采用高脚凳，常见吧椅为可旋转式。

酒吧室内装饰与陈设可分为两种类型，一种是生活功能所必需的日常用品设计和装饰，如家具、窗帘、灯具等；另一种是用来满足精神方面需求的单纯起装饰作用的艺术品，如壁画、盆景、工艺美术品等的装饰布置。装饰品也是酒吧气氛营造的一个重要方面，通过装饰和陈设的艺术手段来创造合理、完美的室内环境，以满足顾客的物质和精神生活需要。装饰与陈设是实现酒吧气氛艺术构思的有力手段，不同的酒吧空间，应具有不同的气氛和艺术感染力的构思目标，如图2-11-5、图2-11-6所示。

图2-11-4 常见吧台形式有直线形、"U"形、环形、方形等

图2-11-5 装饰和陈设艺术创造合理、完美的酒吧环境

图2-11-6　装饰和陈设艺术创造合理、完美的酒吧环境

单元训练和作业

1. 作业欣赏

分别列举吧台空间设计、快餐店空间设计等与学生的课堂进行联系。在丰富本身内容的同时，给读者在创作中提供一个参考与比照。

2. 课题内容

提供一个建筑空间的平面图，在此平面的基础上，进行学生和大众比较熟悉的快餐厅设计或者酒吧设计。

课题时间：16课时。

教学方式：通过图片、PPT的形式进行具体案例的讲解和分析具体餐饮空间的风格特点，如何通过材料、家具、风格、色彩、尺度等方面的设计来体现整体艺术氛围和情调。

要点提示：依据基本的建筑平面空间尺度，把握主体的风格，根据现实和时尚，进行对应的家具、陈设的合理空间布局和设计。

　　教学要求：完成总体的平面布置图、功能分析草图、立面设计图，要重点反映主体的重要空间的效果图，并有材料、尺寸和相关的设计说明。

　　训练目的：能够依据具体的建筑空间原始平面进行具体的餐饮空间类型的设计。

3. 其他作业

依据现有的图纸平面，可以模拟构建几种其他形式种类的餐饮空间设计。

4. 思考题

具体类型餐饮空间设计，重要的是把握什么？如何展开设计过程？

5. 相关知识链接

阅读、欣赏第4章节餐饮建筑室内设计鉴赏案例，理解具体餐饮空间设计特点。

第3章 主题性餐饮空间设计

课前训练

训练内容：了解主题性餐饮空间，掌握和熟悉主题性的概念，明确主体性餐饮空间市场的特点，领悟主题性确立和创意构思的形成过程，学习主题性餐饮空间的设计形式，逐步掌握主题性餐饮空间设计表现的艺术手法和表现方法。训练注意事项：建议每位同学能够充分理解主题性的文化概念，真正领悟主题性餐饮空间设计的表达形式和方法。

训练要求和目标

要求：学生需要掌握主题性的概念，掌握主题餐饮确立的市场分析，熟悉主题性餐饮空间设计的表达形式和方法的确立和实现。

目标：根据设计的需求，对于具体类型空间，能够根据其特点风格，进行功能上的分析、平面布局的安排、装饰风格的搭配，并恰当运用图纸进行设计表达。

本章要点

◆ 餐饮空间主题性概念

◆ 主题的确立和创意构思

◆ 餐饮空间主题性的表达手法和方法

◆ 主题性餐饮空间的实际设计与练习

本章引言

当人们在餐厅酒店进餐的时候，一定会被餐饮空间的具体的家具陈设或者服务员的穿着打扮和服务形式所吸引，对于其中的环境感到非常满意，甚至流连忘返，产生深刻的印象。这个印象来自于店面设计、餐饮空间的陈设、景观、收银台、服务员的服装、服务的行为规范和菜肴的特色等产生的综合印象，这就是文化，也是餐饮空间的主题。

3.1 餐饮空间主题性概念及市场化特点

本节引言：

　　餐饮空间的主题性概念，重点在主题性与文化性的理解，重点在对于主题性餐饮设计市场的特点。通过了解主题性的概念和主题性餐饮空间的市场化特点，为明确主题性餐饮空间的重要性和文化性及其市场特征，重在明确观念，理解主题文化的重要性。

　　这些概念和原则包括：主题性概念、餐饮文化、主题性餐饮空间市场细分的特点和实际设计的启示。学习、掌握和观察社会市场中各种餐饮空间体现的文化和主题性的不同特点和风格是什么？

3.1.1 餐饮空间主题性概念

　　餐饮空间凭借餐饮空间中的特定的场所和设施，为顾客提供一定的食品、饮料和服务。这其中的场所是一定的，具有建筑空间的支撑，反映特定的建筑形式和风格，体现一定的装饰风格和特征；设施，如家具桌椅、吧台酒柜、灯具照明、各种陈设品，通过物质的形式、文化风格和特有的形象、色彩体现历史和文化的沉淀，唤起顾客的认同感和场所感；食品、饮料以其独特的形状、色彩、味觉、嗅觉反映了一定的历史、风情、文化；服务通过侍者服务员的服装打扮、礼节行为以及企业形象的VI、MI和BI管理模式，让顾客沉浸在特殊的精神氛围和物质享受中，这就是餐饮空间体现出来的主题，也是文化。

　　餐饮空间的主题，体现的就是餐饮文化。餐饮是基础性的，文化是属于上层性的。餐饮文化既不是单纯的经济基础，又不是单纯的上层建筑，它是二者的有机结合、渗透、融合、统一的行业。它既包含了物质的内容，也包含了精神的内容，那种只讲吃喝，不讲文化的食店、饮料店是不能称为餐饮文化的。餐饮必须具备物质条件和精神条件，才能为消费者提供物质享受和精神享受。

　　餐饮企业的竞争通过三种方式：大众化的服务，依靠低价格进入市场参与竞争，取得自己在市场中的位置；质量赢得市场，通过菜品的严格管理制度和统一模式、规章制度的完善以求质量的保证；文化竞争，借助文化内涵和独特文化环境，独具特色菜品，赢得市场，是一种高层次的经营方式。

　　餐饮文化是一种多元的文化，具有鲜明的个性，具有明确的倾向性和浓厚的文化内涵，只有这样餐饮文化才能体现主题性。餐饮文化通过享受、提供休闲、产生个性特色，焕发独特的光彩和魅力，如图3-1-1所示。

　　餐饮文化升华到一种较高境界的时候就是餐饮空间设计的主题性，无论餐饮空间经营的品种类型有多少变化，各自都有自己的文化追求和主题性。快餐店，讲究简洁明亮，容易被人识别，经济实惠，服务快捷；小吃店，追求的是精品意识、做工考究、传统绿化、味道醇厚独特；水果拼盘和冷饮店，讲求"生态饮料"，水果的雕刻比赛、拼盘大赛推动水果文化的发展，促进顾客的参与和体验；以音乐为主题的餐饮文化，追求一种餐饮空间的布局和衬托，应用各色音乐灯具、背景的名画、古典的雕塑、地毯的富贵华丽、家具的优美古典，营造一种崇高的音乐盛典；以古代文化如古希腊文化为主题，利用蓝与白色营造地中海风格、雅典娜雕塑装饰、背景呈现出希腊著名圣托瑞尼海滩、生长着椰枣树、运用古典希腊柱式、营造一种强烈的古希腊异域风情的文化主题，再提供欧式的西餐风味，必然令人陶醉。

可见，任何形式和文化等风格展现的必定是特定的餐饮空间中的三界的装饰形式、陈列的对应的陈设装饰品，家具、绘画作品或雕塑，无论何种形式，采用声光电等技术，都必定在顾客眼中呈现的是某种特定的文化追求和主题性，只是这种风格形式强与弱，会非常明确地显现出其主题性。

图3-1-1　Phill亲子主题餐厅，罗马尼亚

3.1.2　主题餐饮空间市场化特点

从市场经营模式上看，主题餐饮在21世纪将会得到进一步发展。从当前消费潮流的转变和餐饮市场的发展方向看，主题餐饮未来的发展市场化有如下特点。

1) 市场细分高度化

随着个性消费特征的日益强化，餐厅将采用极端化的细分方法寻找客源，按照每一位目标客人的需求划分服务市场，以完全"个性化(定制化)"的产品或服务迎合消费者，培养主题餐饮的粉丝。可以预见，21世纪休闲餐饮、健康餐饮、参与性餐饮、青春化餐饮、儿童餐饮、各种兴趣餐饮、怀旧餐饮、乡村餐饮、老年餐饮、女性餐饮等将崭露头角，初现峥嵘。

2) 管理手段多样化

高科技手段，运用电脑信息技术和网络信息技术，进行网上订餐、网上预约、点菜网络服务、高效计算机信息统计和分析，达到高速快捷的服务和信息反馈。

文化手段，作为主题餐饮的灵魂，文化不仅作为主题的吸引物，而且文化还将成为主题餐厅经营的重要的手段，即利用文化在主题餐厅内部塑造各种经营氛围。

促销手段，现代商业促销手段层出不穷，主题餐饮也应借助各类成功的商业促销活动，开展各类卓有成效的活动。如在餐饮空间中可摆放一些青年画家的作品、手工艺编织作品，或摆上寄售的各类小首饰、小陶器，既可作欣赏，又可代售增加收入。

3) 市场定位大众化

主题餐厅发展初期以接待消费能力较强的客源为主，而随着主题的普及，主题餐饮空间也将更深入地走进普通百姓生活。

4) 发展规模两极化

一方面，主题餐饮通过各种资本运营手段，加快融资渠道，形成规模经营，因此大规模意味着可包容更多的文化内容，更能突出文化主题。如国外一些著名的主题餐厅(如热带雨林餐厅、好莱坞星球餐厅)已经走上了证券市场，取得了不俗的融资业绩。另一方面，一种微型化的主题餐厅也将获得大发展。它们往往以一些相对冷僻的主题，满足了少部分相关联的消费者的偏好。

3.2 餐饮主题的确立与创意构思

本节引言：

主题的确立与创意构思，重在主题性的确立和创意过程的思考和理解；主题性餐饮空间的设计手法，非常重要，它是实现主题性餐饮空间概念、文化性和设计活动的纽带。

这些原则和概念包括：餐饮空间主题性的确立过程、创意构思与市场调研的关系、主题性餐饮空间创意构思实现过程中的设计手法、设计方法。学习和掌握主题性餐饮空间设计的主题如何确立、调研、分析和思考，如何通过物质的载体和方法实现主题性设计。

3.2.1 餐饮主题的确立

主题的确立，首先要了解市场，其次要了解消费者的情感需求，再次要了解经营的餐饮产品及其特点。这样才能做到心中有数，才会有目标，设计出来的餐饮空间才会有市场，通过经营管理，才会有生命力、艺术感染力和独特的魅力，如图3-2-1所示。

餐饮企业依赖特定的人群去生存和发展，因此餐饮企业必须以人为本。餐饮空间主题设计需要把握"人"这个主题，围绕"人"来设计好各具特色的餐饮文化空间。餐饮空间是一个人的活动场地，空间设计要把人的情感放到首位，注重人的精神需求，适应时代的进步，满足人的文化精神的寄托，餐饮空间贵在新颖、独特与个性。餐饮空间的设计构思，设计师不能孤芳自赏，一味强调自己的设计思想，不管市场的需要，不顾消费者的需求，导致设计施工出来的餐饮空间，不能正常运营。因此餐饮空间的设计必须考虑到消费者的承受能力和心理需求，为消费者提供经济上和心理上能够满意的餐饮文化主题空间。

餐饮主题空间的设计需要满足经济性的原则，需要考虑投资方投资的合理性，投资的回报，能否

图3-2-1　爱丽丝奇境主题餐厅

收回投资，避免盲目投资，合理规避风险。

餐饮主题空间还需要考虑当地的民风民俗，不能造成设计的文化与当地的文化产生冲突；同时要考虑到当地的地理气候和环境等因素，适应当地的经济发展、社会环境和地理环境，如充分利用当地的材料、景观资源等形成主题设计风格。

3.2.2　餐饮主题的创意构思

餐饮空间主题确立是一个完整的思维体系，餐饮空间的设计围绕主题展开，体现主题精神。展现主题精神需要通过空间的装饰塑造，通过墙面、地板、天花板的空间变化、塑造、装饰风格设计和选择，通过空间中陈设的精心设计和挑选，表现为家具、灯具灯饰、雕塑、壁龛、展架，或者通过体现餐饮主题形象的特有设计造型道具等进行烘托。这其中包含了空间平面的布局、空间立体的结构、装饰、材料、灯光、设计语言的提炼，综合形成主题构想。

餐饮主题的确立，需要明确市场细分与定位，才能真正做到落实和确立主题的创意构思。

前期工作已经做了初步的市场调研，对于市场、消费者和餐饮产品的特点有了综合的分析和结论，下一步应该对主题的创意构思进行具体市场定位，也就是确立主题的创意构思。确立主题的创意构思，要进行考察和分析：准确了解主题的文化内涵，在众多的餐饮文化制图中，所要设计主题餐饮空间属于什么类型的文化产品。表现为以下几方面。

(1) 如果以民俗为主题的餐饮空间，就应该还原或者接近此种民俗产生的空间场景，提炼出该民俗中的文化精髓，反映深刻的文化内涵。该民俗当地的服装服饰、生活物品、民族歌舞、当地地域的特点植物、风景、建筑等，体现一个系列完整的民俗主题的

强烈的印象，让消费者身临其境，如入异国他乡。

(2) 以历史人物题材等为主题的餐饮空间，需要体现当时的历史场景，人物衣着古装、建筑样式、装饰、陈设、家具等符合历史，重点点缀用历史人物雕塑、浮雕，以及文学、传记中的描述场景，还原历史，餐饮中的部分产品也可以沿用当时历史时代或历史人物或文学故事中出现的餐饮产品，体现主题特色。甚至于服务员等着装以当时古装或符合历史时代的古装，渲染烘托出一个强烈主题的餐饮空间氛围。

(3) 以怀旧或复古为主题的餐饮空间，体现现在人们思念过去的主题，如人民公社食堂、上山下乡会所等体现一定的怀旧和吸引旅游等相关的餐饮主题；或者其他的人群需要的餐饮生活情趣，总之需要调研，通过还原相关的时代场景建筑、室内空间装饰、当时的生活用品或文化现象、使用的餐具、享用的餐饮产品等营造一个怀旧或复古的主题餐饮。重点是提炼和重塑，还原旧时生活场景，浓缩于餐饮空间之中。

3.3 主题餐饮空间表现手法

本节引言：

主题餐饮空间设计有某种文化的含义，对应地存在着某种设计的手法关联。下面列举了几种主题餐饮空间的表现手法。一种是艺术抽象的表现手法，一种是具体空间承载与变化的手法。这对于了解和把握主题餐饮空间设计具有艺术性和具体性的指导作用。

成功的设计作品应该是内容与形式的统一，是思想性和艺术性的高度统一。设计主题越鲜明、越生动，表现手法的艺术形式越完美并富于创造性，艺术感染力就越强。主题餐饮空间的形成，创意、构思和设计的三维一体，艺术传达的方式，最终的餐饮空间的视觉效果和心理效果意象的形成，是通过物质材料、设计表达形式、风格、色彩、造型共同形成的，这里就是餐饮空间的表现手法，它们在主题塑造和环境渲染中发挥着潜移默化的作用。

3.3.1 主题餐饮空间艺术表现手法

抽象表现手法，通过单纯的线和面进行组合，强调功能、结构和形式的完美结合。材料和技术达到高度的结合，产生材料的肌理美。抽象表现手法体现的是一种简洁、明快和清新的感觉。将其他装饰语言过滤掉，留给消费者幻想的空间，同时得到了一种装饰语言的纯净。抽象语言表现形式，需要对生活提炼、推敲，去繁就简，去伪存真，达到艺术的升华。

具象表现手法，其装饰效果是直观，一目了然，通过真实的道具，让人亲身体验进入场所的真实，体现餐饮空间的真实和艺术。可以表现某种真实的故事情节，可以表现某一特定的场景、一个生活或历史的片段等，其特点是直观、准确、形象、真实和深入。

夸张表现手法，营造一种视觉的冲击，设计上强调装饰的复杂性和矛盾性，避免简单化、模式化，崇尚隐喻和象征的意义。它提倡多元化和多样性，在造型设计中大量吸收其他学科的理论与实践，体现一种与现实生活的错位、扭曲、矛盾、断裂、肢解等表现手法，可以是片段的复制与夸张，目的是令人产生震撼和动荡的复杂感受。

幽默的表现手法，诙谐、风趣与夸张，给人带来轻松、愉快的心情，达到减压和舒缓心情的作用。

象征的表现手法，运用艺术或者约定俗成的比喻象征手法，借助人们丰富的想象和联想，形成主题性的空间氛围。如利用系列的和平鸽图案象征和平；玫瑰花象征浪漫和爱情；巧克力象征甜蜜和爱情；绿色植物象征环保理念；等等。

幻觉表现手法，通过时空错位和创造联想，形成童话般、科幻般或蒙太奇般的空间色彩效果，运用不同时代的造型同时同地显现，利用灯光的变化和视听背景的变化，产生幻觉、优美和超脱的精神世界感受。

其他的表现手法，主要运用形式美学法则，进行餐饮空间的主题营造。主要遵循统一与变化、均衡与稳定、对比与微差(协调)、比例与尺度、主从与重点、节奏与韵律、连续与渐变、起伏与交错等形式规律进行主题餐饮空间的氛围设计。具体是利用餐饮空间中的物质元素、灯具、家具、陈设、装饰的材料、空间构架柱、门等进行的形式上的变化。

3.3.2　主题餐饮空间具体设计方法——物质空间承载的载体

主题餐饮空间营造除了形式美的法则运用、艺术手法的应用之外，在手法上，还可以从餐饮空间物质形成的具体方法上进行。

界面设计方法，室内空间由界面组成，墙面、天花板和地板被称为三界面。

运用墙体分隔空间，形成不同功能分区，引导交通流线。直面的墙体给人一种简洁、明快和直接的空间印象；玻璃形成的墙面给人一种空间扩大、通透的感觉；弧形的墙体给人一种逐渐的引导感和自由感，令人感觉平和、恬静和富于期待。用柱子的支撑和排列等形成的空间特色，柱式风格和柱子材料的不同均能够形成不同的主题餐饮空间特色。柱式有古希腊、古罗马的古典三大柱式，爱奥尼、科林斯、多立克、塔斯干等。柱子的分隔，在空间中具有延伸感。空间的分隔、过渡与渗透，还可以通过陈设的植物、雕塑和家具(花格栅、博古架)等进行直接、间接或显隐露藏等不同方法进行表达。

天花板又称为顶棚，天花板的高低影响着人们对餐饮空间主题的心理感受。低矮的天花板给人带来的不仅是安全感，还有亲切感。有些餐饮空间或者局部空间，降低天花板的高度，是为了拉近与人的距离，形成亲近感。

天花板从形式、造型等其他方面考虑，可以有充分利用自然光的，利用窗户、玻璃进行采光，达到节能和环保；有利用天花板模仿各种自然形体，如雨帘、山峦起伏；也有用其他材料替代天花板的，如巨大的蘑菇柱阵、织物牵引、异形灯具、塑料膜等形成奇异主题空间景象。

地面界面设计，是餐饮主题空间重要的环节，这里包括了家具、设备、陈设品、植物等，以及一切生产经营管理活动，都是通过地面进行承载的。地面的材料、色彩、光、上升下降等营造了主题餐饮空间的艺术效果。

下沉式地面界面设计，通过局部空间的下沉，使在视觉上平台发生转换，改变空间意识，达到重点突出，丰富空间层次。上升式设计方法是与下沉式设计方法相对的一种方法。把地面分成几个部分，重要突出的地方升高，创造出一个信息交流的平台。或者明显地分出一个功能服务的空间，如将交通流线下沉，就餐区抬升等。

当然，地面界面设计还可以通过引入流水、小池、植物、游鱼等丰富空间层次；

还可以通过材料如玻璃的铺装透出下面复杂的意向效果，达到丰富空间和趣味，形成主题。

其他的方法，还有充分利用光环境，除了运用自然光环境进行主题餐饮空间营造，还大量地利用玻璃、电子技术、信息技术进行光环境的营造，形成主题餐饮空间的方法；利用绿化进行主题餐饮空间塑造的方法，追求自然、环保和情趣化的生活。

单元训练和作业

1. 作业欣赏

提供赛手作品如《主题餐厅——第八届全国青年学生室内设计竞赛优秀作品集》中1~2件作品进行点评和分析，具体图片可以放在第4章作品欣赏中，也可以就放在此处。

2. 课题内容

通过提供的一个餐饮空间的建筑原始平面图和基本建筑情况，根据自己对市场的考察和生活的理解，设计一个同学们较为熟悉的主题性快餐厅设计，画出平面布置图、立面图、剖立面图和主要空间效果图，写出设计说明，效果图表现以马克笔工具表现形式为主。

课题时间：以快题形式表现，时间限定为8课时；或者以专题形式出现，限定时间为16课时，使用计算机和手绘均可，通过时间强化，规范制图训练集中思维应变设计的能力。

教学方式：使用多媒体图片，在作业前或者作业完成之后，进行点评，运用文字注解，重点点评。

要点提示：突出快餐厅的主题文化，强调现代时尚生活的特点与联系。

教学要求：完成总体的平面布置图、功能分析草图、立面设计图、重点反映主题和主体的空间效果图，有材料、尺寸和相关的设计说明。

训练目的：能够根据具体的建筑空间原始平面进行主题的餐饮空间类型的设计。

3. 其他作业

依据现有的图纸平面，或上课教师提供图纸的平面基础上，可以模拟构建几种其他形式种类的主题和文化餐饮空间设计。

4. 思考题

主题性的或者文化性类型餐饮空间设计，重要的是把握什么？如何展开设计过程？

5. 相关知识链接

阅读《主题餐厅——第八届全国青年学生室内设计竞赛优秀作品集[M]》，以及近期出版发行的室内空间设计、商业空间设计、餐饮空间设计的杂志和书目，设计之家网站http://www.sj33.cn、中华室内设计网餐饮空间网页http://zt.a963.com/canyin/等网页网站进行网上的学习、理解主题性和文化型餐饮空间设计特点和要求。

第4章 餐饮建筑室内设计鉴赏

　　本章案例作品均来自知名的设计师作品，这些作品代表了我国乃至国际装饰设计的前沿。本章中每个系列案例均配有设计说明，重在引导学生巩固前面的理论知识与应用技巧。

　　本章重在帮助学生打开眼界，帮助学生通过细致的欣赏结合设计说明来学习众多设计师的设计思路，领会设计内涵。同时可以让学生参照设计师的案例进行临摹训练，从而快速入门，以达到教学的目的。

课前训练

　　训练内容：通过餐饮建筑室内设计工程图的例子，具体查看平面图、天花顶棚图、立面图和局部详图的表现，功能、空间、交通流线的安排和布置；具体学习材料、尺寸和比例的关系。训练注意事项：通过识图、看图，明确各种符号的意义和表现特点。注意不同线型、家具和材料等所表现的风格和文化特点。平面图、天花顶棚图、立面图、铺装图等之间的相互联系，即一一对应的关系，是理解和学习室内空间设计制图的重要依据。

训练要求和目标

　　要求：学生制图的基本顺序应该是先从平面图的思考开始，分析功能布局，家具的布置，交通流线的安排、铺装的安排、植物陈设等的基本安排，然后开始制图，制图的重点是分清3种线型，墙体是粗实线，家具是中实线，铺装是细实线。对应的才是天花板图，同时依据水平的投影的平面图再设计和分析立面的样式、造型和具体的材料尺寸等，充分运用制图的基本原理，"高平齐、长对正、宽相等"，通过水平与垂直进行投射、画图，尤其是CAD制图，需要掌握这个基本规律和设计制图的原则。其中CAD制图在电脑中，用的是实际长度，纸上制图是按照一定的比例进行绘制的，虽然很简单，但是要记得一个公式，就是比例(尺)等于图上距离除以实际距离，其中只有在长度单位相同的情况下，才能计算。

　　目标：工程图的列举，重要的是通过工程图的识图等，具体把握住基本的设计表现模式，注意材料、尺寸等的表达。尽管工程图的表现形式不是唯一的，但它是一种标准，具有通用性，不能任意地讲个性表现。重要的是学会制图，表达设计。其中手绘是比较重要的，用来表达设计思想，也是考研、招聘考试等主要考试科目；草图的表现同样重要，用以训练思维，快速抓住思想的火花；在实践中，电脑软件CAD制图相当重要，它们都是学习的目标。

本章要点

◆ 不同制图的表现形式、线型
◆ 不同的符号表现形式
◆ 材料、尺寸和表达
◆ 制图的设计过程和方法

本章引言

　　当人们面对一堆室内空间或餐饮空间的图纸，或者面对真实的餐饮空间的场景时，无论是识图还是制图，都需要了解餐饮空间的平面图、立面图、天花顶棚图、施工图或者详图的具体的识图和意义，尺寸、材料的规范性意义，因此制图是规范设计的一条重要的方式和方法，是表达表现设计的重要途径。

4.1 项目实例

4.1.1 项目名称：祥和百年酒店

环境风格：

融合了江南文化，将尊贵、浪漫、专业、特色融为一体，重视个性和创造性的表现，素雅禅意而不缺乏时尚感。

空间布局：

整体与局部和谐、均匀，体现出其独特的格调，使顾客一进餐厅就能强烈感受到美感与东方情调。

祥和百年酒店的环境风格与空间布局实景如图4-1-1、图4-1-2所示。

图4-1-1 祥和百年酒店实景(一)

图4-1-2　祥和百年酒店实景(二)

4.1.2　项目名称：松本楼日式料理

环境风格：

充分体现建筑原有空间韵味，色彩以浅、素色为主，利用重色对比使层次分明，材料以能最大限度体现设计意图为原则，做到少就是精，统一之中追求变化，古朴中突出时代感，弥漫着优雅的禅意。

空间布局：

空间布局回归简洁、舒适、干净，块面整齐。

松本楼日式料理的环境风格与空间布局实景如图4-1-3～图4-1-5所示。

图4-1-3　松本楼日式料理实景(一)

图4-1-4　松本楼日式料理实景(二)

图4-1-5　松本楼日式料理实景(三)

4.1.3　项目名称：Mazzo Amsterdam Restaurant

环境风格：

狭窄的空间通过连续的元素连结成一体，整个空间粗犷的风格中透露出温馨、亲和的氛围，随意而不缺乏格调，如图4-1-5至图4-1-8所示。

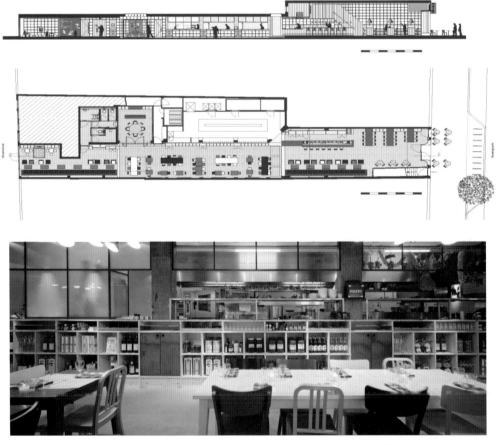

图4-1-6　Mazzo Amsterdam Restaurant 平面图及实景

图4-1-7 Mazzo Amsterdam Restaurant 实景(一)

图4-1-8 Mazzo Amsterdam Restaurant 实景(二)

4.1.4　项目名称：TAO Nightclub & Asian Bistro

环境风格：

设计上逐渐融合西方的现代概念和亚洲的传统文化，通过不同的材料和色调搭配，令东南亚家具设计在保留了自身的特色之余，产生更加丰富多彩的变化。

空间布局：

整体空间将东南亚元素巧妙地融入现代欧式建筑内，色彩、材质和谐共存，极具神秘感的视觉效果，如图4-1-9、图4-1-10所示。

图4-1-9 TAO Nightclub & Asian Bistro 实景(一)

图4-1-10 TAO Nightclub & Asian Bistro 实景(二)

4.2 餐饮建筑室内设计工程图选编

某餐厅施工图选集如图4-2-1、图4-2-2所示。

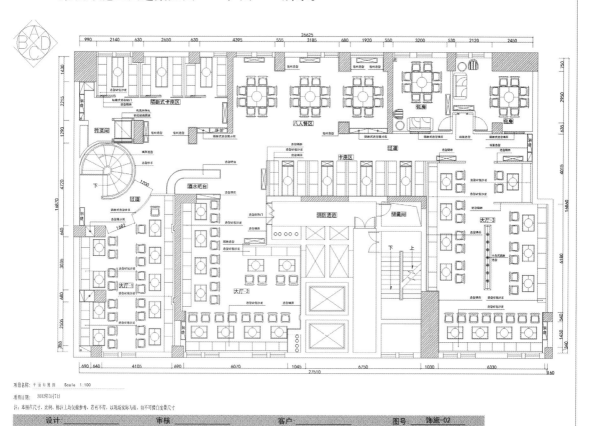

项目名称：平面布置图 Scale 1:100

项目出图：2012年3月7日

注：本图在尺寸、比例、标注上均仅做参考，若有不符，以现场实际为准，切不可擅自改量尺寸

设计	审核	客户	图号 饰施-02

图4-2-1 施工图(一)

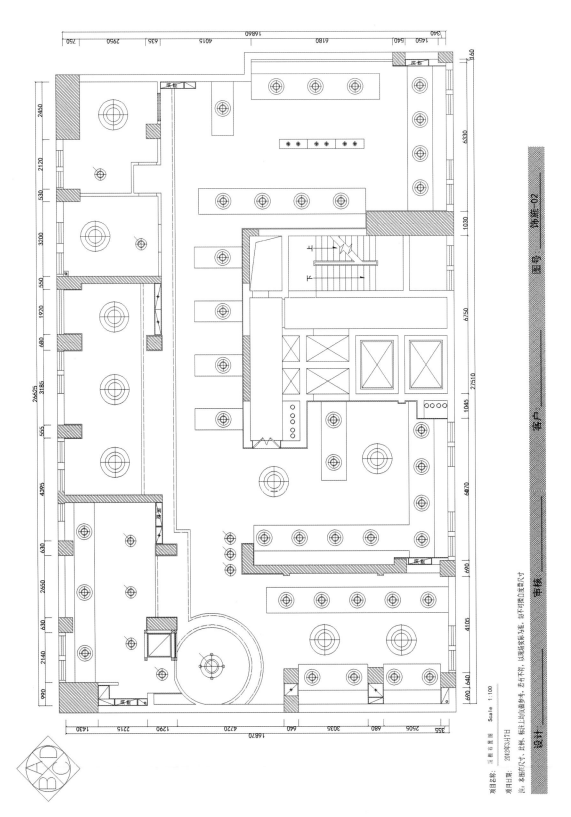

图4-2-2　施工图(二)

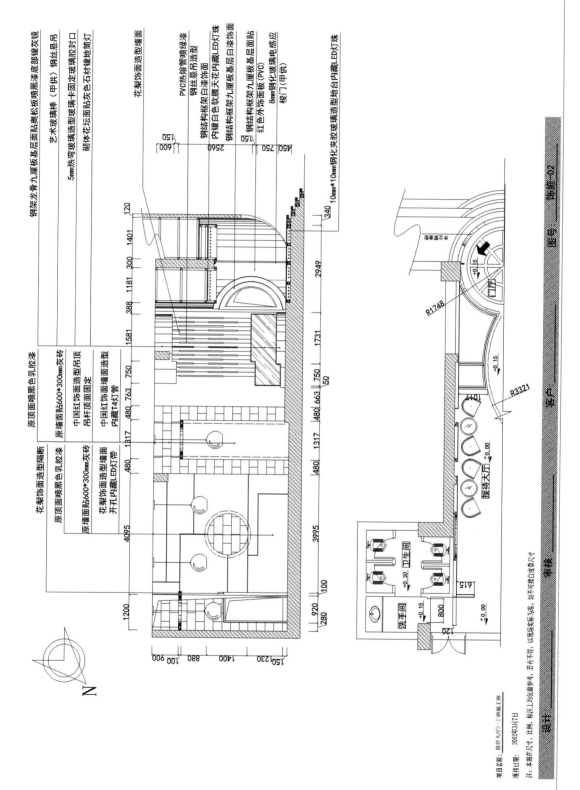

钢架龙骨基层面贴软黑漆喷黑底部镜灰镜

钢架龙骨九厘板贴软黑与喷黑底漆部镜灰镜

艺术玻璃棒（甲供）钢丝悬吊

5mm热弯玻璃造型玻璃卡固定玻璃胶封口

砌体花坛面贴灰色石材镶地筒灯

花梨饰面造型墙面

PVC热熔管喷绿漆

钢丝悬吊

钢结构框架造型造型

钢结构框架造型漆白漆饰面

内镶白色软膜天花内藏LED灯珠

钢结构框架九厘板基层白漆饰面

钢结构框架九厘板基层面贴8mm钢化玻璃造型地台内藏LED灯珠

红色外饰面板（PVC）

树门（甲供）

10mm*10mm钢化夹胶玻璃造型地台内藏LED灯珠

原顶面喷黑色乳胶漆

原顶面贴600*300mm灰砖

中国红饰面造型吊顶吊杆顶面固定

中国红饰面墙面造型内藏T4灯管

花梨饰面造型隔断

原顶面喷黑色乳胶漆

原墙面贴600*300mm灰砖

花梨饰面造型墙面开孔内藏LED灯带

600
150
2560
750
450
340

120
1401
300
1181
388
1581
750
480 763 480
1317
480
4095
3995
1200

2949
1731
1317

50

1200
280
920
1100

150 230 100 880 1400 100 900

N

长条凳面不等

门厅

+0.15

R1748

R3321

接待大厅 +0.00

+0.15

卫生间
+0.30

洗手间
+0.15

800

615

120

+0.00

项目名称： 接待大厅－D面施工图

项目出期： 2012年3月7日

注：本图纸尺寸、比例、标注以图纸参考，若有不符，以现场实际为准，所不可测定皮革尺寸

设计 _____

审核 _____

客户 _____

图号　　施座-02

图4-2-3　施工图（三）

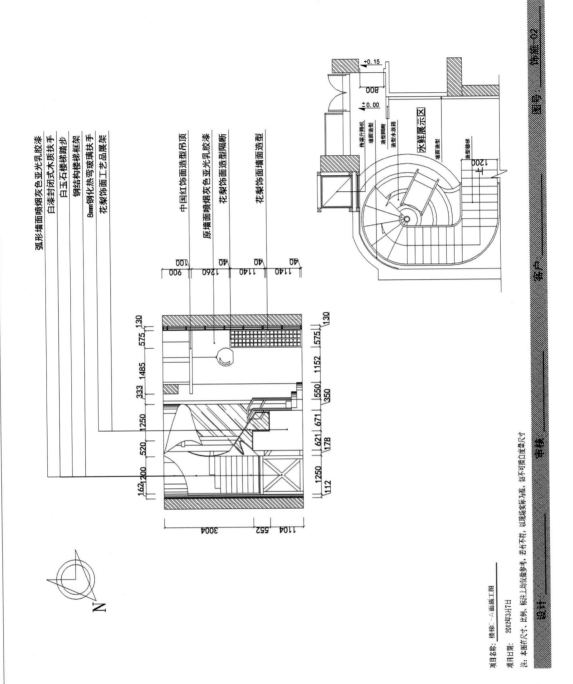

弧形墙面喷烟灰色亚光乳胶漆
白漆封闭式木质扶手
白玉石楼梯踏步
钢结构楼梯框架
8mm钢化热弯玻璃扶手
花梨饰面工艺品展架

中国红饰面造型吊顶
原墙面喷烟灰色亚光乳胶漆
花梨饰面造型隔断
花梨饰面墙面造型

传菜升降机
墙面造型
造型隔断
造型水鱼箱
水鲜展示区
墙面造型
造型楼梯

项目名称：楼梯一立面施工图
项目日期：2012年3月7日

注：本图纸尺寸、比例、标注上均供做参考，若有不符，以现场实际为准，切不可照口度最尺寸。

业主
图号　施施-02
审核
设计

图4-2-4　施工图(四)

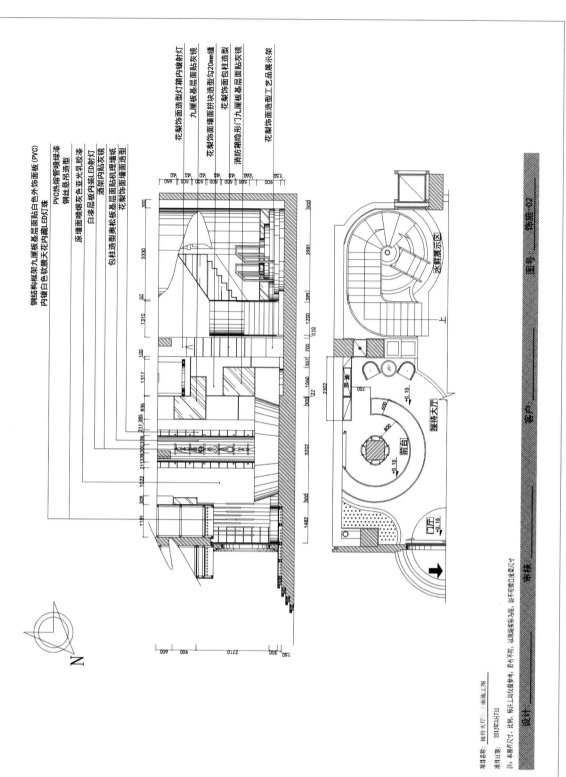

钢结构框架架九厘板基层面贴白色外饰面板(PVC)
内镶白色软膜天花内藏LED灯珠

PVC热熔管等喷绿漆
钢丝悬吊造型

原墙面喷银灰色亚光乳胶漆
白漆层板内装LED射灯
酒架内贴灰镜
包柱造型奥松板基层面贴机理墙纸
花梨饰面造型墙面造型

花梨饰面造型灯箱内镶射灯
九厘板基层面贴灰镜
花梨饰面墙面拼块造型勾20mm缝
花梨饰面包柱造型
花梨饰面基层面贴灰镜

消防箱隐形门九厘板基层面贴灰镜
花梨饰面造型工艺品展示架

水景展示区

上

防溅区

接待大厅

前台

+0.15

+0.15

门厅
+0.15

N

项目名称: 接待大厅剖面施工图
项目日期: 2012年3月7日
注: 本图形尺寸、比例、标注上均仅做参考, 若有不符, 以现场实际为准, 现不可提白度量尺寸

设计　　　　　　　审核　　　　　　　客户　　　　　　　图号　　饰施-02

图4-2-5　施工图(五)

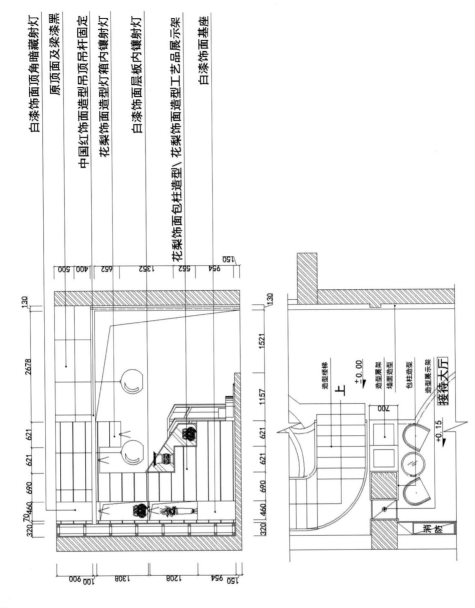

白漆饰面顶角暗藏射灯

原顶面及梁漆黑

中国红饰面造型吊顶吊杆固定

花梨饰面造型灯箱内镶射灯

白漆饰面层板内镶射灯

花梨饰面造型工艺品展示架

花梨饰面包柱造型\

白漆饰面基座

造型楼梯
上
造型展架
墙面造型
包柱造型
造型展示架
接待大厅
消防

项目名称：接待大厅—A面施工图

项目日期：2012年3月7日

注：本图所示尺寸，比例、标注以供参考，若有不符，以现场实际为准。以路路实际标为准，均不可随口改拿尺寸

客户

设计

审核

图号　饰施-02

图4-2-6　施工图(六)

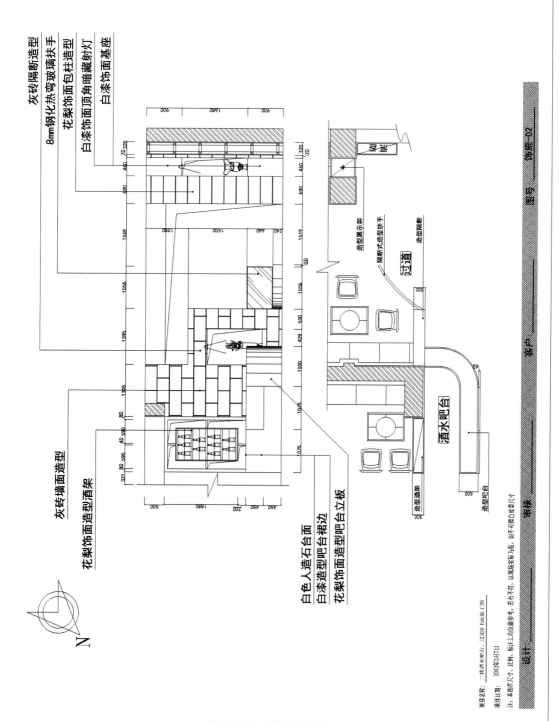

灰砖隔断造型
8mm钢化热弯玻璃扶手
花梨饰面包柱造型
白漆饰面顶角暗藏射灯
白漆饰面基座

灰砖墙面造型
花梨饰面造型酒架

白色人造石台面
白漆造型吧台裙边
花梨饰面造型吧台立板

造型展示架
隔断式造型扶手
过道
造型隔断

酒水吧台

造型酒架
造型吧台

N

客户 _____ 图号 _____ 饰施-02

审核 _____

设计 _____

项目名称：二楼酒水吧台、过道D、B面施工图
项目日期：2012年3月7日

注：本图的尺寸、比例、标注上的仅做参考，若有不符，以现场实际为准。以不可做白改量尺寸

图4-2-7 施工图(七)

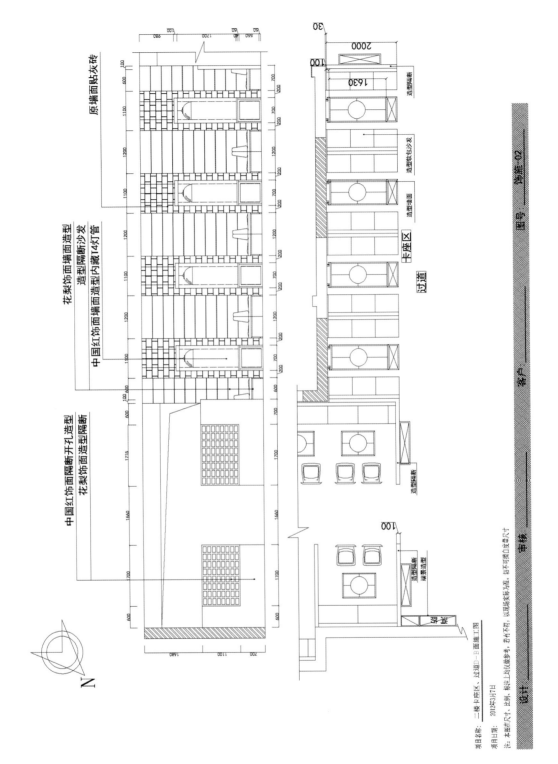

原墙面贴灰砖

花梨饰面墙面造型
造型隔断沙发
造型隔断造型内藏T4灯管

中国红饰面墙面造型

卡座区

过道

造型隔断

造型软包沙发

造型墙面

造型隔断

中国红饰面隔断开孔造型

花梨饰面墙面造型隔断

造型隔断
景观造型

轴号

2000

1630

100

30

100

N

项目名称： 二楼卡座区、过道①-B面施工图
项目日期： 2012年3月7日
注：本图尺寸、比例、标注上均仅做参考，若有不符，以现场实际为准，以不可刚白皮数尺寸

设计

审核

客户

图号 __ 施座-02

图4-2-8 施工图(八)

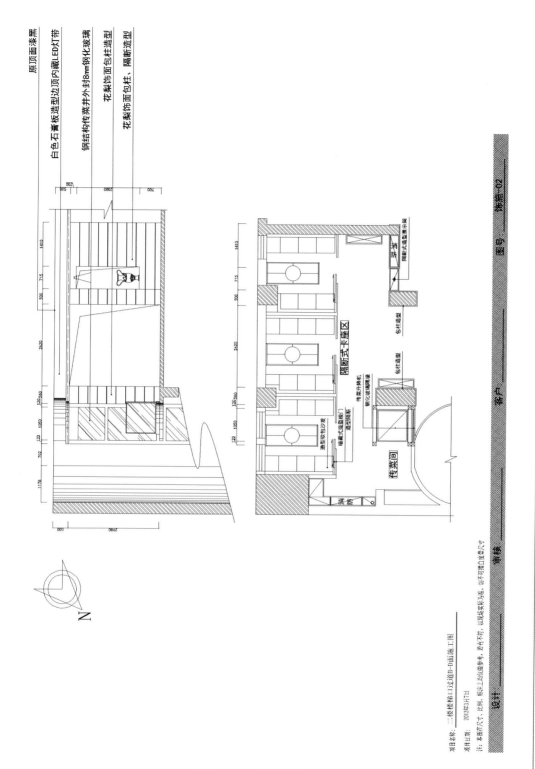

原顶面漆黑

白色石膏板造型边顶内藏LED灯带

钢结构传菜井外封18mm钢化玻璃

花梨饰面包柱造型

花梨饰面包柱、隔断造型

饰施-02

图号

客户

审核

设计

项目名称：　三楼楼梯口过道D-D面施工图

项目日期：　2012年3月7日

注：本图所示尺寸、比例，若有不符，以现场实际为准。切不可据白图量尺寸

图4-2-9　施工图(九)

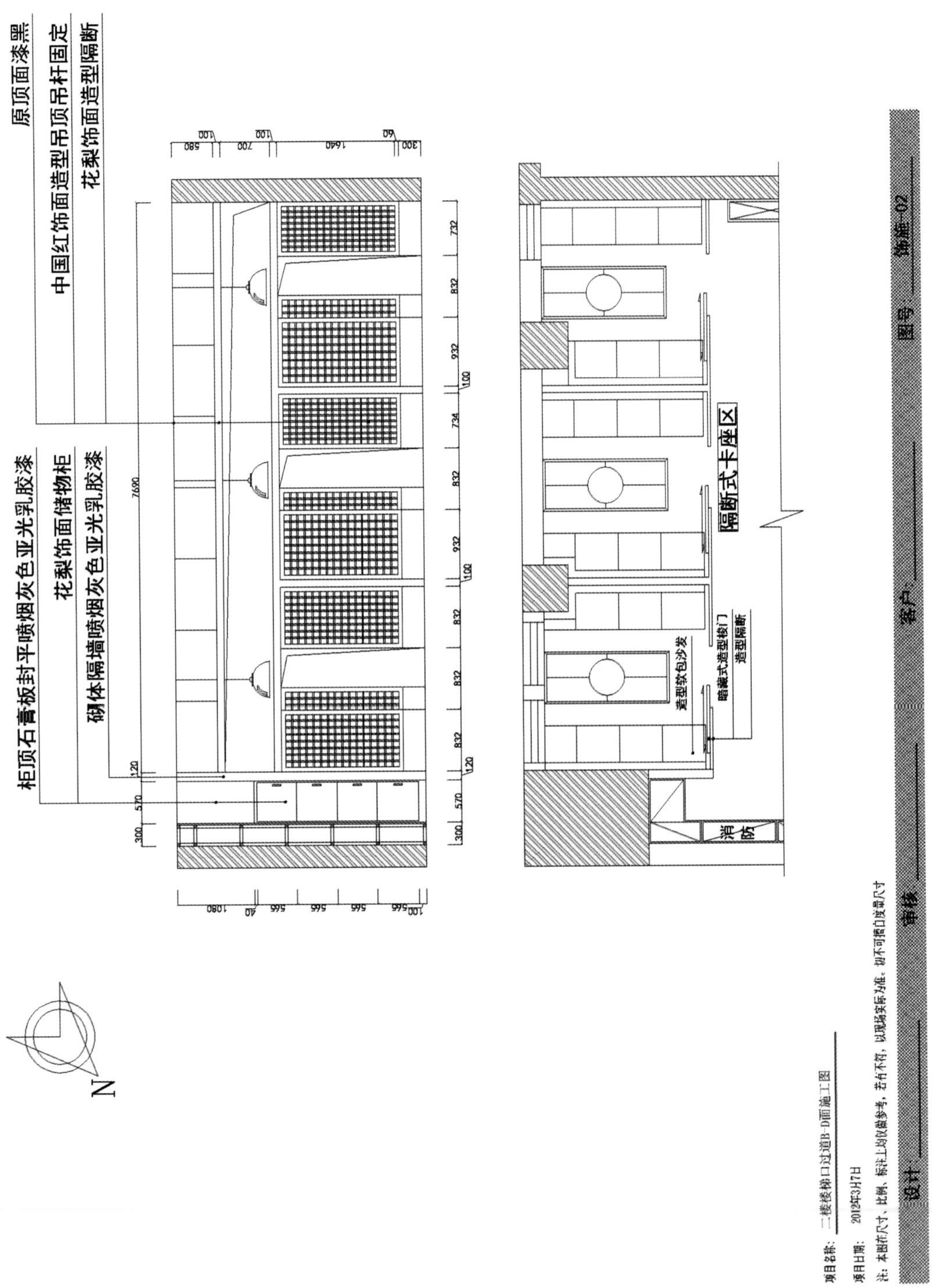

原顶面漆黑

中国红饰面造型吊顶吊杆固定

花梨饰面造型隔断

柜顶石膏板封平喷烟灰色亚光乳胶漆

花梨饰面储物柜

砌体隔墙喷烟灰色亚光乳胶漆

隔断式卡座区

造型软包沙发

暗藏式造型锁门

造型隔断

消防

N

项目名称：二楼楼梯口过道B-D面施工图

项目日期：2012年3月7日

注：本图所示尺寸、比例、标注上均仅做参考，若有不符，以现场实际为准。切不可照口夜毫尺寸

设计

审核

客户

图号： 施施-02

图4-2-10 施工图(十)

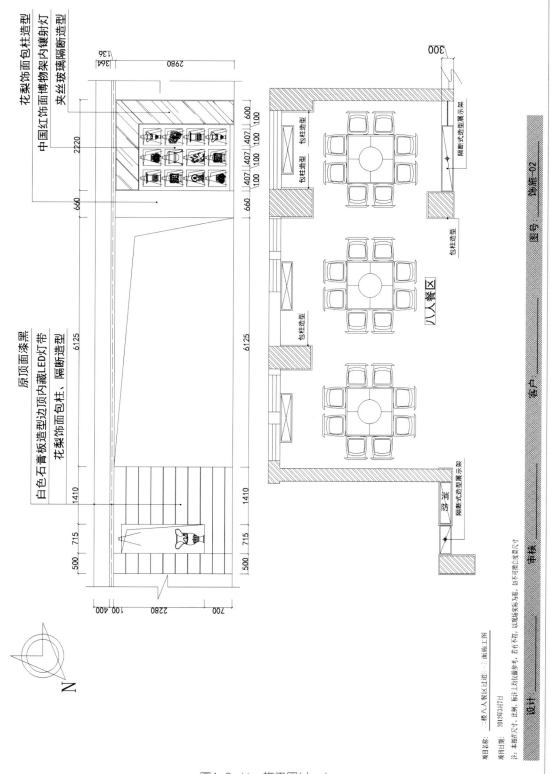

花梨饰面包柱造型
中国红饰面博物架内镶射灯
夹丝玻璃隔断造型

原顶面漆黑
白色石膏板造型边顶内藏LED灯带
花梨饰面包柱、隔断造型

八人餐区

包柱造型
隔断式造型展示架
防滑

图4-2-11 施工图(十一)

项目名称：二楼八人餐区过道立面施工图
项目日期：2012年3月7日

设计 审核 客户 图号 饰施-02

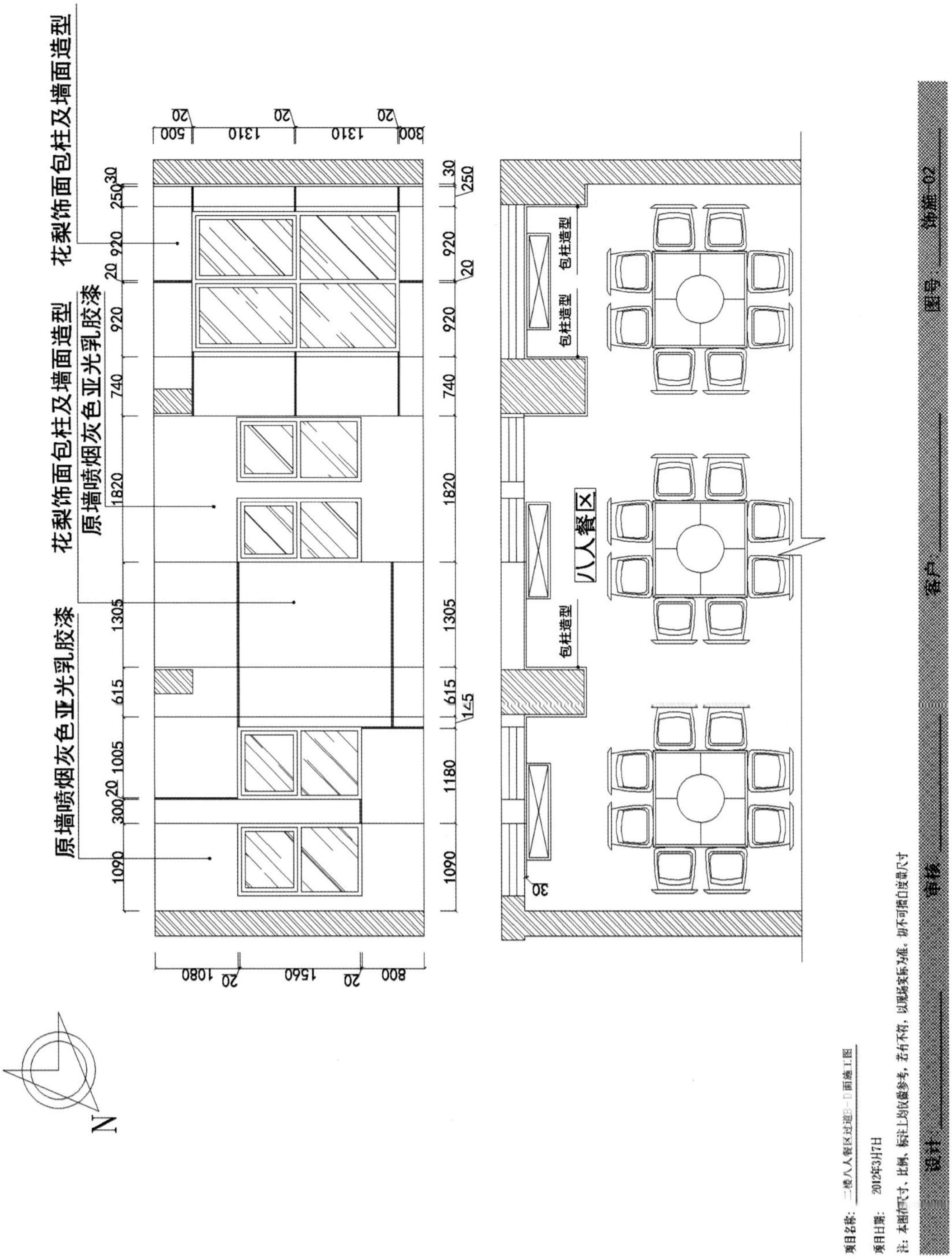

餐饮空间设计

花梨饰面包柱及墙面造型

花梨饰面包柱及墙面造型

原墙喷烟灰色亚光乳胶漆

原墙喷烟灰色亚光乳胶漆

原墙喷烟灰色亚光乳胶漆

八人餐区

包柱造型

包柱造型

包柱造型

N

项目名称： 二楼八人餐区过道D面施工图

项目日期： 2012年3月7日

注：本图所示尺寸，比例，标注上均仅做参考，若有不符，以图纸实际标注，以不可由设计返尺寸

设计 _____ 审核 _____ 客户 _____ 图号 ____ 饰座-02

图4-2-12　施工图(十二)

122

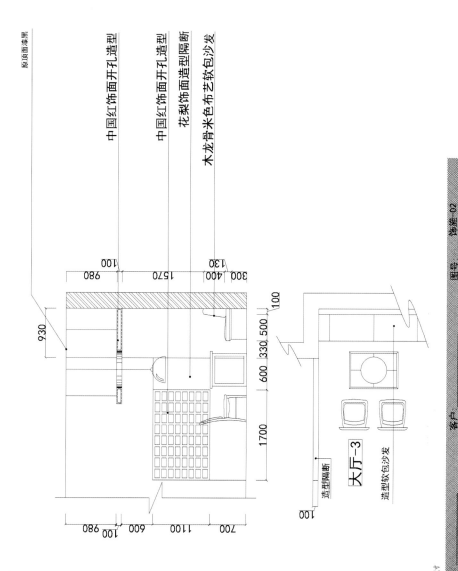

原顶面漆黑

中国红饰面开孔造型

中国红饰面开孔造型

花梨饰面造型隔断

木龙骨米色布艺软包沙发

大厅-3

造型隔断

造型软包沙发

N

图号 饰造-02

客户

审核

设计

项目名称：二楼大厅-3-三面施工图

项目出图：2012年3月7日

注：本图尺寸、比例、标注上均做做参考，名件不符，以现场实际为准，以图纸标注为准、如不可做自度量尺寸

图4-2-13 施工图(十三)

123

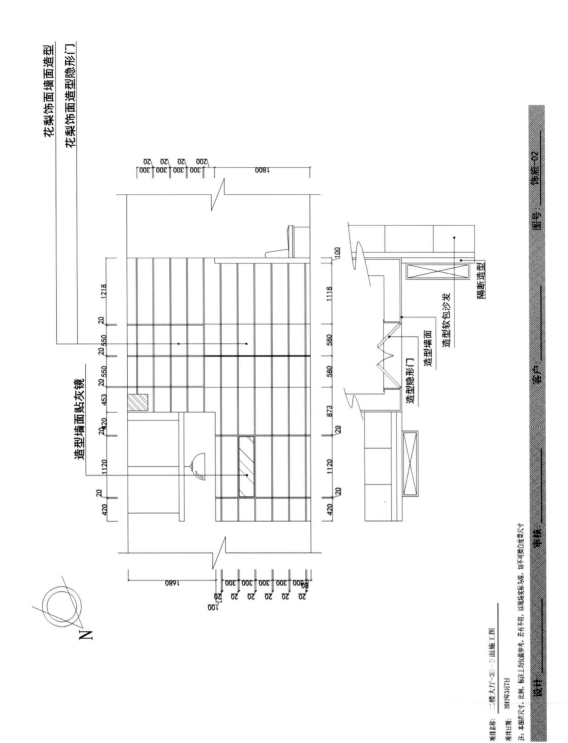

图4-2-14 施工图(十四)

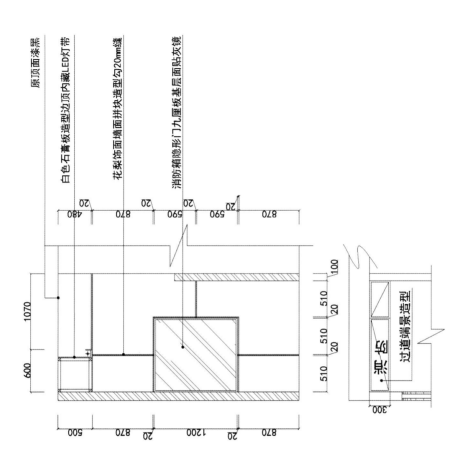

原顶面漆黑

白色石膏板造型边顶顶内藏LED灯带

花梨饰面墙面拼块造型勾20mm缝

消防箱隐形门九厘板基层面贴灰镜

480
20
870
20
590
20
590
20
870

1070
600

100
510
20
510
20
510

300

灰镜

过道端景造型

500
500
870
20
1200
20
870

N

项目名称：三楼过道端景A—C面施工图
项目日期：2012年3月7日
注：本图所有尺寸、比例、标注上级编辑参考，若有不符，以图纸实际为准，切不可照白接引尺寸

设计　　　　审核　　　　图号：饰施-02　　　　客户：

图4-2-15　施工图(十五)

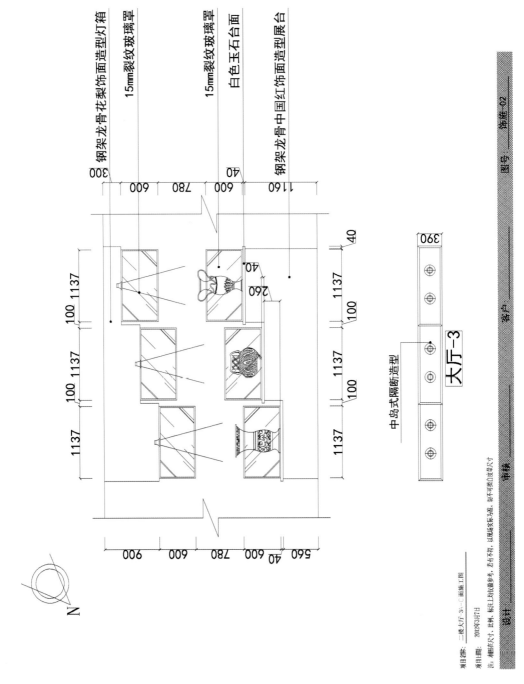

图4-2-16 施工图(十六)

4.3 餐饮空间餐桌的平面布局图选编

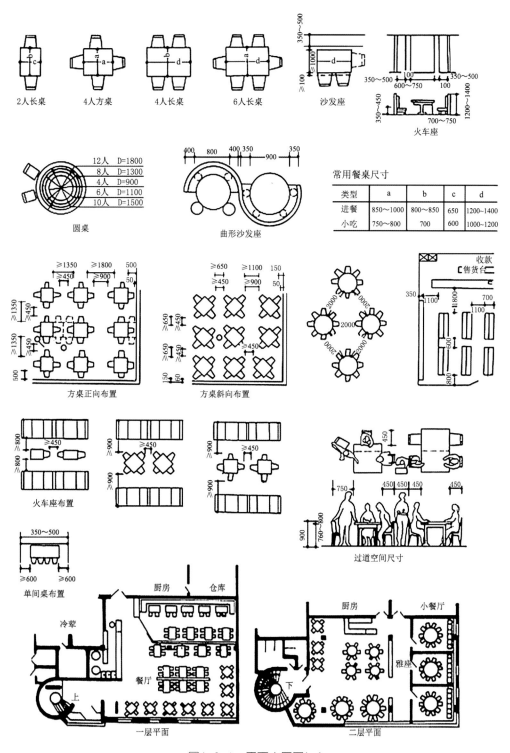

图4-3-1 平面布局图(一)

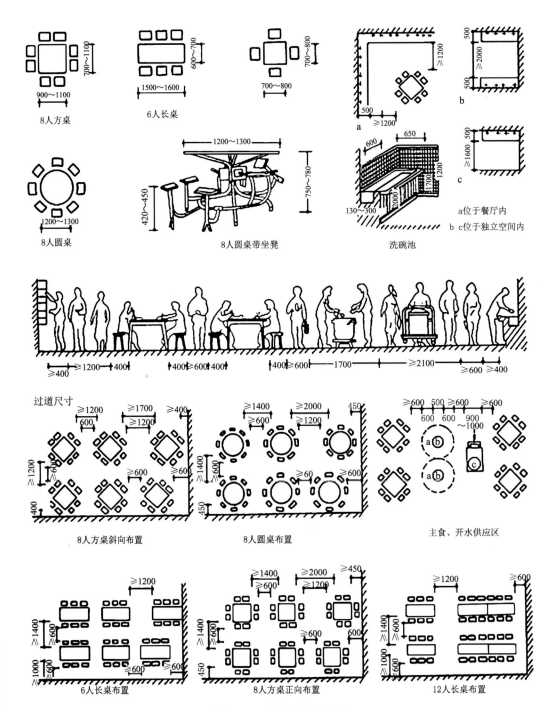

8人方桌　　6人长桌　　　　　　　　　　　　　　　a

b

8人圆桌　　8人圆桌带坐凳　　　　洗碗池

a位于餐厅内
b c位于独立空间内

过道尺寸

主食、开水供应区

8人方桌斜向布置　　　8人圆桌布置

6人长桌布置　　8人方桌正向布置　　12人长桌布置

图4-3-2　平面布局图(二)

餐饮空间设计

参考文献

[1] 刘蔓. 餐饮文化空间设计[M]. 重庆：西南师范大学出版社，2004.

[2] 中国建筑学会室内设计分会. 主题餐厅——第八届全国青年学生室内设计竞赛优秀作品集[M]. 武汉：华中科技大学出版社，2008.

[3] 许亮，董万里. 室内环境设计[M]. 重庆：重庆大学出版社，2003.

[4] 郭立群. 商业空间设计[M]. 武汉：华中科技大学出版社，2008.

[5] 陆震纬，来增祥. 室内设计原理[M]. 北京：中国建筑工业出版社，2004.

[6] 霍光，彭晓丹. 餐饮建筑室内设计[M]. 北京：中国建筑工业出版社，2011.